刘木芳/著

女汉子的幸福宝典

作家出版社

图书在版编目（CIP）数据

女汉子的幸福宝典 / 刘木芳著．—北京：作家出版社，2015.1

ISBN 978-7-5063-7808-6

Ⅰ．①女… Ⅱ．①刘… Ⅲ．①社科两性关系－中国－当代
Ⅳ．① I267

中国版本图书馆 CIP 数据核字（2015）第 025785 号

女汉子的幸福宝典

作　　者： 刘木芳
责任编辑： 张　平
装帧设计： 太熊视觉
出版发行： 作家出版社
社　　址： 北京农展馆南里 10 号　　　**邮　　编：** 100125
电话传真： 86-10-65930756（出版发行部）
86-10-65004079（总编室）
86-10-65015116（邮购部）
E-mail:zuojia@zuojia.net.cn
http://www.haozuojia.com（作家在线）
印　　刷： 北京市玖仁伟业印刷有限公司
成品尺寸： 145×210
字　　数： 209 千
印　　张： 10.5
版　　次： 2015 年 4 月第 1 版
印　　次： 2015 年 4 月第 1 次印刷
ISBN 978-7-5063-7808-6
定　　价： 36.00 元

自 序

在我看来，人生是走一步，然后明白一步。世上没有真正的智者，我们不过是胡乱参悟人生，最后把这种觉悟传达出来。这是文字工作者的使命，也是宿命！身处其中，逆境也好，顺境也好，努力做一名积极向上的生活强者。

有人说，女不强大，天不容。虽道破亘古不变的“掠食”真理，却忽视了女性自身的意愿。适者生存，其本身内涵就无比残酷。在弱肉强食的水泥丛林里挣扎，练就一副钢筋铁骨，最后成为一代“女战士”。时代塑造人性，时代衍生新新族群。“女汉子”应运而生，驾着疾风轰轰烈烈地闯入人们的视野。这是一群能干又坚强，勇敢又不失自我，内心强大，极具竞争力的一族。我一直认为，没有人生来强大。强大，无非是为了获取较多的自由。自由就好像是死死勒在脖子上的绳套，绳子愈长，你受到的约束就愈少。相反，绳子愈短，你就需要踮起脚尖走路，直至无路可走。过去，女人相夫教子便足够。如今，女人和男人面临同样的问题。生存压力、社会压力、竞争压力……各种困扰接踵而至。

归根到底，我们的人生需要强大。

没有人生来便可以享受，就像没有人生来就强大一样。在享受人生之前，先要被人生锤炼。这种关系，就像从毛毛虫蜕变到蝴蝶。在女孩子还是“毛毛虫”的时候，很容易被践踏和蚕食。经历疼痛后，蜕变成蝴蝶，她才可以挥动翅膀向自己热爱的天空飞翔。

一位姑娘曾面对镜头那样说，我宁愿被人嫉妒，也不要被人同情。她不想做弱势者，因为她很清楚，弱势者的道路困难重重，几乎寸步难行。当然，很多姑娘抱怨男人们无用。如今，重压之下，男人们自顾尚且不暇，哪里还有精力每天去照顾一个“不能自理”的女人。所以，与其靠挣扎、哭喊博同情，不如学会自立，做堂堂正正的“女汉子”。有一天，当你可以独立生活，甚至可以自己去扛瓦斯炉，自己买房子，自己去做有益他人的善举，姑娘，你便真的成为了一条“女汉子”。虽然，你变不成“女神”。但是，有一点可以肯定，你比别人坚韧，不容易被摧毁,不容易自毁。想起一位失意的闺蜜和我谈人生。她说，很多女孩，小时候渴望长大，渴望挣脱父母的束缚，去闯天涯。而后，经历了恋爱，结婚，生子。她发现，长大是件很麻烦的事。苦恼和挫败感，比恶性肿瘤还要讨厌。一味地示弱和逃避，只会让事情变得糟糕。

人生是一道又一道坎儿，一道道的坎儿形成人生的阶梯。

你的应对能力有多强，注定了你的人生高度有多高。有些人生，是一边忏悔，一边犯罪。对亲人也好，对爱人也罢，他们往往以弱势者的姿态蚕食他人的辛苦。这样的人生，永远徘徊在人性“金字塔”的最底层，最后，做一条寄生在别人脚下的蛀虫。

觉悟，是“女汉子”拥有的特质。勇敢地跨过人生的一道道坎儿，竭力经营生活。当走到人生的某个高度，才不禁唏嘘——人生真的不易!

目 录

第一章　姑娘，你早该像条“汉子”

如今的女子，生活远没有想象中安逸。生活就是生活，没有特殊，没有例外。生活的压力让很多人感到无依无靠，即使再柔弱，也渐渐变得坚强。“女汉子”便是在这种背景下催生出来的一个群体，她们到底是怎样的一群人？这一群日趋庞大的群体，为这个时代描绘着一种另类的励志童话。而这样的童话，注定永远没有答案和结局。

PART ONE

“女汉子”是一种生活态度

当生存和理想狭路相逢，是鼓起勇气爬上去，还是自甘堕落？

生活态度决定一切。

你选择了什么样的生活，什么样的生活就会如影随形。如果不是天生便具有强悍的意识形态，那么，做“女汉子”，不过是女人的人生选择之一，为了自己，为了生活，也为了更好地生活下去。

生活，难免磕磕绊绊。好事容易落空，坏事容易成真。生活总是伴随着失意，也会受到诸多约束。

年少的时候，有些人一心想得到爱情，当时的“爱情”如信仰一般笃定地埋藏心间。在随后的数年中，皆以“爱情大过天”的态度在生活。但是，现实的生活中，“脆弱的爱情”往往不堪一击，结果到头来满目疮痍。这个世界，总有人辜负他人，总有人被辜负。

际遇是伴随个体特质而来的，我坚信这一点：爱情也好，人生也罢，都需要一种积极的、健康的姿态存活。

在过去的几年中，我像个流浪者，曾走过很多地方，也认识过很多人，男人们，女人们。

他们和众多普通的过客一样，匆匆相遇，又匆匆分别。我想探究生活到底源于何时何地何境？是什么东西在延续着命运？

时至今日，方才一知半解。所有与众不同的生活，都是要付出与之相等的代价。可能是工作的关系，我会不由自主地剖析人性，在我接触的女人中，有禀赋异常的才女，有事业成功的女强人，有落魄的打工者，还有甘于平凡的普通人。你不能说她们谁更出色，因为在生活面前，一万个人有一万种答案。

幸运的是，她就是其中之一。

我记住了一个来自贵州的中年女人。

她有孩子，有老公。她的孩子在老家生活，丈夫在贵州打工，而她只身在深圳住着破旧的厂房。厂里尔虞我诈，你死我活，她活得如鱼得水，不管有任何风吹草动，她都能化险为夷。且不说她到底有多少城府，为了自保，她曾出卖过他人。她所做的所有事情，皆是为了更好地生活。当然，我不赞同一个为了生存要各种阴谋手段，没有底线的女人。但是在她的心中，她想赚到钱，回家盖一栋漂亮的别墅，和子女丈夫很风光地生活，这是支撑她走下去的力量。她是家庭的支柱，是孩子的保护伞。

像她这样的女人，当之无愧是条“女汉子”。她要的不多，只是普通人的幸福。

这是一种生存至上的生活态度。

这个世界很残忍，活着不易，不可能每个姑娘都是“白富美”和“富二代”，人生下来，便注定要受苦。命运比继母还要恶毒，不盈已亏。佛教中的八苦，很好地阐述了人生需要面对的难题，我们每一个人，注定要体验现实生活。

如今生活压力大，房价高，物价高，养活孩子的成本高，养老费用高，男人的肩膀已逐渐虚弱，他们迫切需要一个可以和他们一起承担生存压力的姑娘，这也许是造成离婚率高的原因之一。

高压之下，要么幸福，要么不幸。不管哪一个社会构架，都不相信弱势者的眼泪。强势者才可以拥有相对自由的话语权。

在我看来，“女汉子”是生活态度，不是肤浅的表相，这是对灵魂的一次深度净化，每个姑娘，都应该强大起来。

弱者是需要同情的。我相信，一般人也更容易喜欢有地位、有才华、有权势、有钱的人，都是世俗中人，大抵逃不过某些名利的约束。

我觉得，你和我就好像近在咫尺素未谋面的知己，我在说，你在听。这种关系，实在既单纯又美好。如果在单纯和美好的基础之上，能给予他人一些力量和阅历，那是再好不过了。这就像在我们的身边，总会有一些人，在不断提醒着你前行。有些路，不好走，但是，我们还是得走过去。那些善意的提点，伴随着生命，衍化成人生阅历。不管你承认不承认，人生的路，有低谷有巅峰，低谷时失意，需要努力攀爬，巅峰时得意，同样要小心脚下有羁绊。反正，人们都是这么磕磕绊绊走过了一辈子。

我与一位闺蜜相识甚久，她活得像一朵脆弱娇贵的花朵，总觉得世界上所有人都欠了她似的，有人欠她钱，有人欠她幸福，生活不如意之时，常常张口闭口，你养我么，你给我钱么，你给我一栋房子么？虽然她心地善良，可她的生活处处不如意。

我曾用菟丝子来形容她，依赖而嚣张，却没有自主的灵魂，需要攀附其他的生命来获取生命力量。

后来，她的故事有了诸多后续版本，为了所谓的感情，她放弃事业，结婚，草率生子，和家人相处不融洽，再后来，离婚，离家，成为双失女子。一段惨痛的经历，仍没有教会一个女人强悍自己羸弱的灵魂，很多人替她觉得惋惜，毕竟，一个有才华的女人，更需要一种恰似枝繁叶茂的生存下去的勇气。适逢压力之时，才能挺过去。

你行，你的人生便可以螺旋上升；你不行，你的人生将无落差，永坠低谷。

我常常想，我们的人生可以不完美，我们的生活也可以有残缺，但都不妨碍一个人的幸福和快乐，当一个女人懂得付出，懂得用自己的力量给别人力量的时候，即使困难铺天盖地而来，“女汉子”们是可以有拨云见日的能力的。况且，老天会厚待那些积极努力的孩子。

对于华服美厦，千金裘五花马的生活，不艳羡，也不嫉妒，努力过好自己的人生，在有限的时光里，过最好的生活。当然，如果你拥有财富，这是最惬意和理想的，你可以自由选择人生。有位单身女作家，走遍东南亚、印度、欧洲……当有人问她，是什么力量让你走了那么多路？她回答，是心！没有一颗“女汉子”般强大的内心，如何走出那么长的一条人生路？这是她的生活，亦是属于我们的生活。

如果你想要某一种生活的时候，态度决定未来，未来就在现在。

姑娘，你应该是条“汉子”，你有能闪耀更明亮的光芒。

PART TWO

我不是你想象中的“女汉子”

有人说，男人和女人在立场和社会属性上应该泾渭分明。女人就该有女人的样子，纤细，柔和，不温不火，活色生香……言简意赅地说，高端大气上档次，上得厅堂，下得厨房，辅佐男人好好生活。很明显，这是老古董的陈词滥调了。

如今的男人不争气，他们开始穿耳洞，留长发，越来越注重保养、健身、时尚、美容……他们有的做起了“家庭煮妇”，有的已经开始“相妻教子”。而女人，越来越像条“汉子”。据我所熟知的不少姑娘，都肩负着养家糊口的重任。

曾做过北漂、小有名气、嫁给北京“土著男”的某女作家，男人薪资微薄，又常常跷班，女作家一怒之下，让他辞职，男人倒也乖巧，心甘情愿地呆在家里。他每天的工作，就是等着自己的爱人下班。他做饭，洗衣服，把家里收拾得很干净，为妻子斟茶倒水，洗水果。女作家告诉我，她在家的时候，即便一件很小的事情，他都会替她做好。两人角色的互换，使得她愈加有“男子气概”。然而，这并不是她想要的生活，她希望自己的丈夫能担负起一切责任，为她遮风避雨，成为家里的大树。

女人天生细腻容易伤感，她的勇敢、坚强、不妥协，全部是生活造就的。生活不把你逼入死角，你永远不能发现自己有多么强大的力量。

“女汉子”代表了一群特立独行的姑娘，这个群体很壮观，有单身的大龄女青年，有已为人妻的少妇。她们相貌姣好，并非肤浅理解的虎背熊腰，走路像怪兽，性别模糊的“猩猩女”，也不是性格火爆，棱角分明的假小子。

很多时候，撕开包裹她们外在的皮囊，你会发现她们的灵魂皆有可圈可点的地方。她们个性鲜明，风格潇洒，能在夹缝中忍耐、发光，生命力旺盛如疯长的草。

在《爸爸去哪儿》中，那个“风一样的女子”的小萝莉，被人称为“女汉子”。她可爱，机灵，充满了活力，又力大无比，喜欢和风赛跑，喜欢唧唧喳喳，个性鲜明。这个世界不仅存在着“小公主”，还容纳了“女汉子”。而且，是各式各样的“女汉子”，她们风格不同，性格不同，长相不同，灵魂不同。

站在女人的立场去解读女人，我试图找一条简捷的路径，来形容某一种生活或某一类人，当我试图这么做的时候才发现，无论多丰富多华丽的辞藻，也不能详述。不管是哪一种对“女汉子”现象的定义和描述，都很片面。

所以，“女汉子”是女人们面对生活的挤压所爆发出来的潜能。这种潜能融合本身的特质并逐渐发挥出来。她是路人甲，也是路人乙，平实如蚁。

男人们面对高压的社会，显得越来越无能。

可他们就是不愿意承认这一点。而且，男人们似乎不愿意去了解一个女人的内心世界，对武则天来说，她的登基是逆天。对慈禧来说，她的存在，是祸国殃民。对于她们的强悍和成功，男人们更多地喜欢曲解。所谓男行男道是顺，女行男道之时，便很容易产生质疑。比如，一个男人三十五岁不结婚，人们认为很正常，如果一辈子不结婚，顶多混一个男光棍的称谓。

如果一个女人三十五岁不结婚，人们很容易浮想联翩，甚至恶意揣度，即便你事业做得再成功，你的不婚就是有罪。同样做一件事，压在女人身上的砝码更重。这也造成了女人内心世界的改变和升华，以及一个又一个"女汉子"的诞生。只不过在我看来，"女汉子"并不是完美女人，她们不需要完美，她们要的是现在和充满精力的生活，一往无前的果敢。不是匹夫，胜似匹夫。就像那条新闻中报道的，外甥女见舅母带着表哥看病的钱在北京被骗，她不远千里，带着一只录音笔，讨回了二十万的巨款，就这一勇敢的行为，被网友赞为堪称最 In 的"女汉子"。而所有的，如你所见，我们都在解释自己，却忘记了表达自己。我只是在做自己，在尽力经营人生。

或许，你也一样。虽然不是你想象的"女汉子"，却是最真实的自我释放。

我非常喜欢这样一句话：既然脱缰，就无须用绳索让自己再次失去自由。

PART THREE

每条“女汉子”都有一颗“爷们儿心”

闺蜜是家中的独生女，从小争强好胜的她，不甘于人后。不仅如此，她热爱生活，态度积极，在家，她会帮助母亲做力所能及的家务，在学校，她又是品学兼优的好学生。步入社会，从起初的不如意，到事业渐渐顺风顺水。

记得当年，她在一家保险公司工作，骑着半新的单车，到处拉保险，风吹日晒，很辛苦。第一个月，她拿到了五百块钱，然后为自己买了一支口红。口红颜色很鲜艳，根本不适合她，她的化妆技术很烂，廉价的口红偶尔会沾到牙齿上。有一次，我见到她，看着她晒得黝黑的脸孔，笑起来门牙红得很扎眼，倏地，便觉得很心疼。

后来，过了两三年，她换了摩托车。又过了两三年，她换了汽车。

我曾问过她，支撑她走下去的，到底是什么？

她回答说，是一颗不服输的心。

这样的心态，就是“爷们儿心”。她的家庭一般，她没办法依靠任何人，她明白，父母日渐老去，需要她来维系这个家。她没有退路，只好前行。

当前行变成动力，途中艰辛自然成为乐趣。乐趣又转化成正能量，以阳光的方式向四周放射。这是我所欣赏的心态。当她小有成就之后，父亲突然离世。在慌乱和恐惧中，她安抚着母亲，招待亲朋，为父亲办理后事。

她不亚于任何一个男人，独立、坚强、勇于承担责任，她完成了人生交付给她的使命。她还拥有男人的豪爽和大气。她认识的朋友中，只要谁需要帮助，她就能及时出现。曾有一位离婚净身出户的姑娘，举目无亲。是她施以援手，帮她找到工作。谁有苦恼，她便化身“垃圾桶”，去倾听和呵护。

她的家庭，她在保护。她的朋友，她在维系。她的亲人，她在挂念。遇到脾气不好的人，她包容。遇到糟心的事，她大事化小，小事化了。有人说她没心没肺，我说她拥有男性的一切美好特质。她给予了生活，生活也回馈给她美好。

如今，她事业有成，家庭优裕，孩子听话，老公专一。

拥有这种“爷们儿心”，是上天赐予他的最好的礼物。

然而，很多人误以为争强好胜是一种从男性身上舶来的品质，其实并不是这样的。男人是属于社会的，他们喜欢群体生活，而“女汉子”的重心刚好相反。成家的“女汉子”热爱并珍视家庭，为了自己的家人，她可以做赴汤蹈火。

生活是个巨大的裂缝，这条夹缝把很多人挤压得失去优雅。大家都怀着一颗冲锋陷阵的心在苟活，结果怎么会好?

“女汉子”的那种“爷们儿心”是兵来将挡，水来土掩的大气和淡然。而各种好的品质，是培养“爷们儿心”的土壤。

所以，争强好胜之心和这种“爷们儿心”想比之下，就显得过于小肚鸡肠。

很显然，在我尚未明白这个道理之前，我属于后者。我执着于成功，渴望财富，希望有一天能被他人赏识和认可，并因此变得有社会地位和归属感。过于强烈的心，驱使我走上极端，急功近利也好，争强好胜也罢，总之，很累，也很恐惧。

这种恐惧很巨大，不断扰乱我的心，我并不确定恐惧来自何处，认为人人都会感到恐惧，只是没有我如此强烈。我恐惧，我的书写得不好，我不能顺利完成书稿，我身边的亲人越来越少……所有的恐惧，把我死死咬住。我总是在抱怨生活，却从不曾想去改变。

后来，和一位聪明人诉说心中的烦躁，被她一语点醒。她说，你应该更懂“女汉子”的心，因为你本身就是一条“女汉子”。不管你走到哪里，你都应该清醒地知道，顺其自然的心态有多么重要。不然，曾经的那些苦，就白吃了。

与此同时，我豁然体悟到所谓的“爷们儿心”，就是对生活的豁达，对自我的豁达。

一个人，难得拥有宝贵的品质。一个女人，难得拥有一个良好的心态，清醒的状态。

在拥有了善良和宝贵的品质之后，“爷们儿心”的心态更是救赎自我的馈赠。虽然有时候，那更像是一种看似“没心没肺”

的生活。

小测试：你具有“爷们儿心”吗？

A 你会计较别人对你说了什么，做了什么吗？通常，一个人得罪了你，你最长几天就能忘了。

一天，一个月，还是一年，亦或一辈子？

B 家庭对你来说，是可有可无，还是最重要的，你追求的是自我感觉，还是家庭的完整？现在越来越多的人，开始走上了自我之路。有人独步旅行，有人远离家乡逃避责任。当父母年纪大了之后，你会在他们身边吗？

C 当你遇到不公平的事或者可恨的人的时候，你会有什么反应？是躲出去，还是跳出来主持公道？见到可怜的人，你会心疼吗？

D 你在某一方面很出色，很懂得赞美和欣赏他人，有容忍的度量。你是不是羡慕但不嫉妒比你收入更好，比你运气更好，甚至比你漂亮的人？

E 不管是做公益，还是照顾家人和你的宠物，你都能有始有终，不离不弃吗？即使它只是一条生病的狗？

F 这个世界上的诱惑太多，不属于我们的东西也太多，他们会吞噬我们的灵魂。你能放弃不属于你的东西吗？比如物质的诱惑，爱情的诱惑？

自我检测后，如果答案是三个“是”以上，则证明你具有“女汉子”潜质。不管你属于哪一类女人，有钱的女人，有权力的女人，有名气的女人，还是有智慧的女人，你都会是一个善良的“女汉子”。

不怕平凡，甘心做个平凡的“女汉子”会是个不错的选择。

PART FOUR

漂亮的皮囊不过是表相

漂亮，是幸运，也是不幸。人人都喜欢漂亮的东西，对漂亮的事物趋之若鹜，占有欲是很可怕的。你想要，他也想要。可是，漂亮，可遇不可求。

韩剧《漂亮男人》，很明确地阐明了一点，漂亮可以推开一个人的心房，最终却无法分享别人的成功。漂亮的皮囊，很容易沦落变成别人的玩偶。无论花样美男，还是花样美女，都会遇到相似的经历。

你用容貌暂时征服了某个人，他喜欢你到无法自拔，可惜，爱是有代价的。这样的吸引很容易被其他的东西所代替和吞噬，比如金钱，比如家人的反对，比如你们之间无法跨越的背景等等。于是你逐渐明白，钱可以在很短的时间内诱惑别人，也可以在很短的时间内把人的灵魂吞噬。

当你只有钱的时候，你忘了，人生暂短，人会离去，只剩下钱的时候，是可怜。同样，漂亮的皮囊，是赐予自身迷惑他人的障眼法。皮囊会随着时间坏掉，皮肤会松弛，会堆满可怕又肮脏的皱纹，头发会花白，牙齿会掉光。人到中老年后，很难靠皮囊卖弄方便。

曾有“靓绝五台山”之称的某女性明星，因活色生香的美貌，给自己带来了巨大的灾难。其交往的男友死于非命，自己又惹来众多是非，被大佬强暴，不甘屈辱，又无可奈何，逐渐精神颓唐，失去光照，疯癫半世。人老珠黄，遭到男人们的唾弃。

一个救助过她的老男人到处对别人讲，像她那样又老又丑的女人，即便是爬上他的床，他也不会动一点心，只会觉得恶心。美人迟暮，结局竟是这样悲凉！

空有一副漂亮的皮囊，到头来，只是招灾惹祸罢了。

所以说，年轻时，处处是诱惑，处处是际遇。拥有美丽外表，是幸事，也是不幸。慧眼识人，别让自己陷入不幸之中。

“女汉子”们要知道，除了真心，世上并无珍贵之物。如有，那也只是迷惑人的小把戏，是锥子，迟早要捅破口袋的。

一位作家这样形容人，每个人都是植物，也是动物，既不是仙，也坠不了妖。嬉笑怒骂之间，大家都在寻求一种肉体和精神上的平衡。肉体的光芒，来自皮囊，精神的光芒，来自你的灵魂。

如今的男人们精明透顶，他们不会娶个花瓶回家，花瓶只能装点门面，并不实用。他们需要能够相夫教子的“女中豪杰”，即使他不需要你赚钱养家，也需要一个在精神上可以交流和依靠的伙伴。于是，他们娶能干的女人做老婆，养花瓶做情人。不少傻傻的漂亮姑娘，做了别人多年的情妇，色衰之时，抛弃之日，想要扶正，就要灭掉良心，不择手段。到那时，物是人非，欲望未必满足心境的荒芜。

话已至此，我并非想表达漂亮是祸事。我只想说，漂亮的人应该珍惜相貌，希望能不被外表所累。毕竟漂亮的人是少数，不漂亮更无须自卑自哀。长得丑，并不是谁的错。上天给每个人的东西都是有限的，同时，也是公平的。

在这方面多一些，便会在那方面少一些，此消彼长而已。

没有必要为了让自己变得漂亮，去做整容，身之发肤，授之父母。

更何况,多年来,整容失败的例子比比皆是。假设整容成功，每天醒来面对一个崭新的，陌生的自己，恐怕内心并不会有多么喜悦，最恰当的比喻，一个灵魂装着两个肉体，和一个陌生人相处，需要抵抗恐惧。上天造就了我们，是什么样子，就该坦然接受。

这个道理，我是在三十岁之后突然开窍的。就我的亲身经历而言，三岁，割伤右脸，留下了一道永久性的疤痕。我的青春期很压抑，口袋里装着一个圆形的小镜子，每天随时随地地掏出镜子看自己，甚至总希望一觉醒来，看到可恶的疤痕消失。

这样的心态，延续到二十四五岁。

我曾深深地暗恋过一个人，为他默默地做过很多事。可是，直到有一日，我听到他那样说，她又黑，又笨，还是个刀疤妹……

对于我，受伤的不止是皮囊，还有皮囊下的那颗真心。

很多年过去了，每每回想，都甚为难过。讥讽是一把利刃，刀刀都砍在脆弱的地方。那时候的我，把相貌看得太重要，结果这就成了我的软肋。

幸好，如今我修炼成“金刚不坏身”，再恶毒的伤害，大不了付之一笑。人不过三万个日夜，青春只是一瞬间，把精力过度分散在这种地方，实在不值得。

通过我自身的努力，逐渐摆脱困扰，并且在事业上慢慢取得一些小的成就。

过去的人和事，随着岁月呼啸而过，轻似飘羽。

回想过去，真的没有什么。那么，今天，我，低调，朴素，干净。我觉得，这就是我的追求。当然，你可以选择光鲜亮丽地存活，其实，这是最佳的状态。

漂亮的皮囊，无敌的精神，成功的事业，幸福的家庭，高格调的生活品位，优雅又体面。只不过，拥有这一切之后，需要更多精力守护。甘苦自知的人生，重在你的抉择。

不得不再次提到我那“菟丝子”的闺蜜，年轻时携漂亮的脸蛋，从男人身上捞到不少好处，不少男人给她送钱送礼物。她嫁人之后，对待丈夫仍像对待情人，婚姻失败，年纪一把。男人们从趋之若鹜，到不屑远离。青春饭，不好吃。投机取巧，只打算用皮囊捞生活的好处，大部分投机者都得不偿失。

我们真的不需要在乎外表的美丑，获得美丽固然好，但人生重在接地气，修心性。没有美丽的人生也没有多悲惨，更无需太刻意地追求从来不属于自己的东西。

泰然地面对自己的缺失，这才是“女汉子”！

PART FIVE

彪悍的人生，不需要解释

大龄单身女的社交圈，基本都是类似的。物以类聚，人以群分，圈子里尽是“剩女”。北方某小城，一友，M 小姐，三十出头，单身。谁都明白，女人的青春走得异常快，她不急不忙的节奏，让周围的亲戚非常气愤，大家都恨不得把她随便塞给一个男人，是个男人就好。

甚至，有人很不客气地告诉她，这座城市不缺剩女，大把大把的女人嫁不出去，她若是再不着急，就等着一辈子打“光棍”好了。“光棍”的晚年不好过，只有两个字——凄凉。

他们试图让她想象一下，有一天她走不动路，喝水吃饭都是问题的时候，她躺在床上挨饿，没有一个人来递给她一杯水。当她变成干尸，也没人惦念和问候。

面对周遭人的恐吓，M 小姐依旧不温不火，以自己的节奏过着日子。她的人生中，什么都缺，唯独不缺勇敢。

她告诉我，既然她有勇气不将就，就有勇气不随便把自己托付给一个人。

她的不妥协，引来不少流言蜚语。顶着流言蜚语生活，是件很被动的事情。

当你出门的时候，有人会交头接耳评论你。当你去买菜的时候，路过的欧巴桑（大妈、老奶奶、年迈的女人），皮笑肉不笑地跟你打招呼，一转脸，继续说你的是非，研究你是否正常。

当你娱乐的时候，熟人们会讨论你的内心，是不是在假装坚强！结果就是，你所做的一切，都是在演戏给大家看，他们一致认定，你的微笑无非是掩饰你那伤痕累累的内心。你想解释，解释只会越抹越黑，人们臆想的破坏力是极大的。

身为女人，我很清楚，一个女人去拼世界，有多么不容易。一个单身的，大龄女作家和未婚女中年，在大家的眼里看起来好吃懒做，无所事事，而手里又赚了一点点只够温饱的小钱儿。人们自然风言风语地传起来，杜撰得有鼻子有眼：这个女人当过小三小四，靠男人的救济过活……谣言一般都会呈现出活灵活现的一面。别解释，解释之后，也没人相信。这个世界就是这么富有戏剧性，冷漠又朝三暮四。一段时间的静寂，人们会忘了你的存在。大家都只关心取悦自己的故事。一段故事结束了，他们会主动猎取另外的故事。

M 小姐很清楚这些，她懒得去做没有意义的事情。大概又过了三四年，人们对她已经近乎绝望的时候，她的故事有了翻身版本。在一次公益活动上，她认识了一位外籍华人。两人相谈甚欢，男人未娶，女人未嫁。

很快，两人走到了一起。M 小姐卖掉自己的房子，随着新婚丈夫远赴澳洲。不到一年，她在澳洲的生活如鱼得水，生了孩子，丈夫温存，家庭幸福。

她在网络上不断晒自己的幸福，于是，她成为了亲戚和朋友圈中晚婚的典范。M 小姐之所以能够在别人的唾沫中没有抛弃自我，足以证明她的高情商。如今很多“女汉子”都是门萨（罗兰德·贝里尔和兰斯·韦林于 1946 年在英国牛津创立的一个以智商作为入会标准的俱乐部）的会员。她们不仅智商高，情商更高。不会轻易随波逐流，更不会轻易丧失自我。

这是成功“女汉子”的案例，可是，成功偏好少数人。有人精于此道，有人不屑此道。拿“成功”这一词来说。我是很讨厌这两个字的。成功是别人给你施加的定义，幸福才是自己给自己的定义。

我的闺蜜“菟丝子”小姐，到现在依旧不肯承认，她的人生是失败的人生，她的婚姻属于下嫁。她的老公，除了个子高之外，貌似没有可圈可点的地方。初中没毕业，要学历没学历，要工作没工作，每天就知道买彩票，打麻将。

后来，勉强找到给领导开车的活儿，还是靠岳父帮忙。要不是依靠家中父母做生意，实在是没有吸引人的“硬件”。“菟丝子”小姐呢？有学历，有才华的编辑兼作家。架不住父母的逼婚，草率把自己丢给这样的一个男人。她觉得，这个男人是爱她的，开始给一些打麻将赢来的小钱儿。她习惯被呵护，习惯用钱来衡量爱的轻重，小富即安。她没有意识到，两个人结婚后，这个男人在她未来的生活中，根本没有扛起家庭的担子。

他把工资交给母亲，在“菟丝子”小姐生孩子难产的时候，他若无其事地睡大觉。生活无着落，“菟丝子”小姐忍无可忍，离家出走。她原本是想依靠这个男人过生活，谁知，他们两人都是彼此攀附他人的人。

我一直强调，没人应该对你的生活负责。我们都要为自己的过去埋单，而未来，一直都是对现在的回报。只是那可怜的“菟丝子”小姐，还在过着糟糕的人生，并不厌其烦地向周围人解释，她与众不同的不幸。而最多，只能获得少少的同情，和一堆幸灾乐祸和看笑话的心。

对于我，人生中最讨厌的一件事，便是被人同情。眼泪很廉价，弱者很辛苦。既然你想过得与众不同，既然你想过你独特的人生，既然你的选择是这样。打掉牙，和着血，也要吞进肚里。

我们的日子，过得都没有表面风光。没有必要把好的、坏的都拿出来示众，示众是最愚蠢的行为。吃苦也好，享福也好。做出惊人举动也好，都需要默默自我承受和消化。

有一年，为讨生活，我突然离开故乡，远赴深圳。接连遇到糗事，火车上，人流拥挤。洗手间的便池爆炸，粑粑满天飞，接下来，我不想多说，后果大家可以想象。人们纷纷捏着鼻子给我让路……到了深圳，我给父亲电话，告诉他，我到了深圳，一路很好，有朋友照顾。然后，进到一家公司，宿舍条件极为恶劣，南方天气的潮湿不是北方人可以想象的。梅雨季节，墙壁冒水，被子发霉，房间是没有窗户的地下室，屋内永远泛着一股腐臭的味道。

我跟父母说，公司住得好，吃得也好。我父母至今都不知道，我在深圳的食堂，他们每天都做炒不熟的土豆，而我，每天只吃酸辣粉度日。

如果你问我，这样的生活你会抱怨吗？

我想得最多的不是抱怨过去，是活在当下，活给自己和自己珍惜的人。

至于，去解释自我？不如用行动去诠释自我，完善自我。“女汉子”你懂的！彪悍的人生，就应该彪悍出不一样的活法。哪怕是自讨吃苦！

PART SIX

当你温柔，却有力量

坚果，外表紧致坚硬，内容营养丰盈。

最初的感觉，常会误导人的判断。你认定她是某一类型，她便成为你心目中的那一个类型。而各种“女汉子”的出现，令男人望而却步。他们觉得，这类姑娘，是硬骨头，好难啃！

我始终觉得，“女汉子”似坚果，紧实的外壳之下，涌动着最初的柔软和细腻。那些凸显的，活跃的个性，影响了她们本质的美丽与多面的华丽。

有一部令我印象深刻的女性电影，讲述了一个身在职场冷面冷语的女人的故事。

她每天下班回家，会很细致地把拖鞋换好，然后静静地擦掉高跟鞋上的尘土。房间被她打扫得很干净，她会一边看电视，一边检查榻榻米上无心掉落的头发。她会逗自己开心，会在静谧的夜晚看很好看的电影。她有一只猫，她对它很好，自己吃得很糟糕，却给它买很贵的猫粮，她在沙发睡着的时候，猫咪会舔她的脚丫，她起身把它抱起来，就像抱着自己去世的母亲。

整个电影细碎，优雅，很具体地描述着一个单身女人的境况。

在不为人知的背面，她们寂寞，却不放纵，认真地在过每一段快乐的或者不快乐的时间。

她们可能在事业上不成功，婚姻上毫无着落。

但是，这并不妨碍，她们成为“女汉子”。耐得住寂寞的女人，内心同样具有很强悍的力量。在我看来，女人的复杂个性和行为，类似蝴蝶效应，每一层面都不一样。就像过去的你和现在的你，有很大的差别。

有时候，你明明想哭，却冷静微笑。有时候，你疲累得要命，却以焕发的精神示人。你明明是个好心肠的姑娘，却话语刻薄。很多的不忍心，很多的不得已，很多的善良，都以另外一种风貌展现给世俗。于是，你被认定，是某一种姑娘，某一种人。

举一个我所熟知的人为例子，暂定她为 C 姑娘。

C 姑娘给人的第一印象，魁梧，霸道，能言善辩中透着精明和厉害，还有稍许的歇斯底里气质。她远近闻名。不是别的，因为她好斗的个性。动不动就发怒，动不动就斗殴。是真的打架，拳打脚踢的抓狂。她家做生意，遇到难缠的顾客，她会生气，会像个母猩猩一样发飙。基本上，她已经到了打遍市场无对手的境界。

对待家人，也会因为一些小事，令她愤恨。

有一次，爱人喝醉大睡，她打了无数电话命令他回到她身边，爱人接了电话后继续呼呼睡觉。她以“母夜叉”的姿态，回到家中砸碎玻璃窗，点燃了家中的窗帘。左邻右舍都来劝架。最后，周遭无人敢招惹她。至于她为什么如此愤怒，没有人究其根源。大家都觉得她很难相处。

个性太硬，容易被人掰断，且不问缘由。其实，她只不过是渴望被人呵护的小女人，内心敏感又脆弱，遇到一点委屈，很难消化，就会在内心反射出一种反叛情绪。破罐破摔，谁都不在乎了。这种破碎的行为，只是希望他人能够和她在行为上沟通和互动。

所以，才有了这种近乎疯狂的行为。她呢？内心追求理想的生活，于她，也有柔软的一面。看苦情剧会落泪，看到现实中失意落魄的人会同情心泛滥，虽然对父母时而大呼小叫，但是很孝顺，拼命赚钱为父母兄弟劳碌奔波。当家人受到欺凌，她会第一个跳出来，和人“拼命”。

从一个内心渴望呵护，继而转身变成保护家人的“汉子”。生活的落差，造成“女汉子”外在性格的扭曲，外在力量过度释放，硬碰硬的结果，只会被人厌恶和嫌弃。

这样的理由，也不足以弥补过错，愤怒不是伤害他人的武器。真正坚强的，不是外表的脾气和愚蠢，是强大的内心。

很可惜，很多姑娘不了解，温柔才是最有力量的。用优雅和智慧，化解怨怼，才是上上之策。温柔不等同于窝囊，温柔是一种充满魅力的气质，窝囊是听之任之，无条件投降。男人喜欢温柔的女人，温柔乡，是英雄冢。

《红楼梦》里，女人都被形容是水做的骨肉。水滴石穿，没有比水更具有力量的物质了。水懂得顺势而为，水可以载舟，亦能覆舟。很多成功男人的背后，都藏着一个能驾驭全局的女人。温柔，就好像水一样，无声无息地侵占了对方的领地。温柔，也是最容易让他人接受的一种方式。

在此之前，你可以暴戾如君王，你也可以沉默如羊羔。你可以华丽，也可以喑哑。你也许有出色的事业，也许一事无成，你可能受人欢迎，也可能被人厌弃。

你所呈现给大家的，是你愿意的也好，是你无奈之举也好。但愿，在你看到这部作品之后，能有所转变，用温柔来丰富自己的内核。剥掉坚硬，你就是“女王”，温柔且有力量。

能赚钱的单身“女汉子”

张美女有钱的程度令人咂舌，她房产很多，甚至购置到了洛杉矶。她的产业更是五花八门，她崇尚一个理论，不把鸡蛋全部放到一个篮子里去。她做期货，做实业，搞房产，餐饮等等。张美女的赚钱能力依托她风暴式的超级大脑，清华毕业之后，她就开始用自己的钱，做建筑加工，赚取了她人生中的第一桶金，之后，她开始越做越大。随着事业的发展，她身边出现了不少人，可能因为工作繁忙，她忽略了感情。再后来，她钱越来越多。而钱多的结果，是她周围有胆量的男人少了，她开始怀疑他们接近她的目的。能与她匹配的人，少之又少。她只好站在人生的顶峰，高处不胜寒。钱慢慢吞噬了她的真心，让她失去爱的能力的同时，也失去了自我。

有地位的"女汉子"

杨小姐是个有地位的女人，无论是在社会上，还是在家中，她都说一不二。身边人鉴于她的威严，对她很是恭维，处处小心翼翼。老公性情温和，家中一切事宜，皆是杨小姐做主。可惜，几年后，丈夫移情，杨小姐赶走小三，碍于杨小姐的势力，他不敢离婚，杨小姐为了面子和丈夫维系形式上的婚姻。

幸福与否，她自己也不知道，她为什么会失去爱人的忠心？

凡事过犹不及，家庭是家庭，事业是事业，两者不能混淆，对待家人和爱人，有时候，是需要温情的，不管你在外面做得多成功，家人始终是家人。

有背景的"女汉子"

小米有个很有背景的家庭，父亲是土豪，她可以为所欲为。常常在她闯祸之后，需要父亲替她收拾烂摊子。她脾气很硬，即便是做了出格的事情，她觉得，一切理所当然。没有什么东西可以满足她的欲望，她刁蛮又夸张。直到有一天，她的父亲倒下，她才清醒，原来没有她的爸爸，她什么都不是。于是，她打起精神，重新做人。

有智慧的"女汉子"

智慧可以以一当百，化腐朽为神奇。在"女汉子"中，最闪耀的明星，就属于有智慧的女人，她可以为你解决疑难杂症。她们就像是人类的安抚师，洞悉人情世故的同时，还能做出准确的判断和选择。莫妮卡就属于这种“女汉子”，她游刃有余地游走于各个阶层，为很多人排忧解难，却因为看穿各种手段和人的内心，时常焦虑和失落。

有时候，即便是智慧，也无法治愈自身。

看穿不如看淡，事情没发生在自己身上，当然不会觉得痛苦。越是有智慧的女人，越容易对外来的巨大伤害没有抵抗力。人真的放不下的，只有自己。

有名气的“女汉子”

小冰从出道，到大红大紫，只用了几年的时间，其付出自然比普通人要多得多。在那个光怪陆离的圈子，看似满地机会，实际都要拼杀之后，才能得到。小冰有固定的男友，两人感情很好。她其实很清楚，人有得意之时，自然会有失意的时候。她努力地争取各种机会上位。当有个投资人的女人看上她的男友时，为了博得跃上一线的机会，她放弃了男友。

女不强，天不容，女太强呢？爱情虽然有时候不太靠谱，可为了机会就放弃爱情，孰轻孰重，一想便知。名气，本身就很虚无。可喜欢的人，一生又能碰到几个？

有人脉的“女汉子”

沈姐是保险公司的一把手，老公出国数年，她积累了无数优质的人脉。上至明星，达官贵人，下至普通百姓。由于她做人练达，通透，让别人无可挑剔，她很轻易地就可以俘获人心。而且她在为别人牵线搭桥的同时，自己也收获颇丰。不过，她因为掌握了一位明星的隐私，常要挟为她办事。最终，阴沟翻船。

心术不正的时候，一定要约束自己，贪欲不仅会害别人，还会害了自己。

平凡的“女汉子”

平凡的“女汉子”没什么不好，一日三餐，朝九晚五。单身的，继续找寻爱人。结婚的，好好和爱人过生活。我们都不是圣人，也不是神人，会有很多麻烦。“女汉子”也是人，有时候需要一个肩膀，一声问候。人生的路，说长不长，说短不短，好好努力，就会遇到好运。

LIFE CASE

每一种选择，都是一种生活

景盈的梦想是在三十岁以前，拥有一套欧式风格的小别墅，不用多豪华，但是一定要有巨大的落地窗，落地窗上要挂着鹅黄色的碎花窗帘，从里往外看，要能看到绿色的树和草坪。别墅的后座，要有一个足够大的后花园，后花园有葡萄架，葡萄架下有清凉的石凳。偶尔，三五个朋友可以一起喝喝茶，聊聊天。小狗们在草坪上玩耍嬉戏，她看着夕阳落下，结束一天的生活。

闺蜜古莉和景盈的想法截然相反。她只期望生活平平淡淡就好，像很多平凡的家庭，有爱自己的老公，有可爱的孩子，房子不需要那么大，够一家人住就很好了。不刻意，不奢求，顺其自然地生活。

毕业后，两个人向着不同的目标奔波。

景盈就职在一家不小的公司做文秘，公司的老板很年轻，有一双眯起来就能见到水的桃花眼。景盈年轻又漂亮，两个人逐渐生了情愫。一言一语之间，都透着淡淡地魂牵梦绕。

老板经常会带着她出席各种场合，包括宴会，舞厅还有富豪的沙龙。景盈在纸醉金迷中稀释了对物质的抵抗力。在老板的软硬兼施中，景盈天真地以为，她会从他那里得到她想要的一切，包括那栋风情万种的房子，还有梦里的葡萄架。

她半推半就地迎合了他的欲望。他并没有把她关进金丝鸟笼，而是继续让她在公司搏命，甚至，她比从前干得更多。在工资上，也没有得到额外的好处。老板坦言，工资永远不能暴露出亲疏。于是，她只能认了。唯一得到的好处，便是景盈住进了百平米的大房子。这是老板的一处私人公寓，他交给她钥匙的时候告诉她，如果她表现够好，过不了一年，这房子将属于她。

没有别墅，没有狗，在房价飞涨的今天，景盈学会了向现实妥协。她把房子装点一新，阳台上挂了吊兰和满天星。她看这座房子的时候，心底就会泛起湿漉漉的情怀。它还不是她的，它是她的外壳，而她，暂时还是一只寄居蟹。为了能尽早拿到房子的所有权，她时不时地催促老板去办过户手续。开始，老板还能哄哄她，对他花言巧语地敷衍一番，时间长了，催得烦了，老板也厌倦到不能容忍，当初的话，不过是欺骗小姑娘的伎俩，他不可能傻到女人占了，房子失了，最后，女人失了，房子一并没有了。

他是精明的商人，于是，索性再不露面。后来，老板借着出差欧洲的机会，让新来的秘书顶替了她的职位。无论景盈如何哭闹，男人决绝地甩了她。收房子的时候，老板让一群彪形大汉去轰赶她，他们之间，再无情分可言。

就这样，景盈在他那里，什么都没有得到，只留下了一肚子的委屈和郁郁寡欢。通过这件事，景盈学乖了。懂得了驾驭男人之术，她再和男人交往，总会得到一些小恩小惠。当她提出过分的要求时，男人都像长了毛的猴子，油滑世故，不肯轻易让步。她吃了很多苦头，一次次的流产，受创伤的不止是她的身体。翻来覆去玩着单一游戏，景盈在恶性的男女关系中循环往复，终于看清了男人和这个现实社会的残酷。

直到三十岁的那年，别墅没有，车子没有，积蓄也没有多少。当她踩在青春的尾巴尖的一刻，心里惶恐不安。

于是，在遇到了一个差不多的男人后，她走进了唯唯诺诺的婚姻。他们按揭了一套六十平米的小房子，每天骑着电动车上下班。没有保姆，没有饭后的咖啡和红酒。衣服脏了，只能自己洗，要算计水电费的开支，要在上完厕所后，用循环水节能。她不敢要孩子，生怕要了孩子，连最基本的生活保障都困难。

她在残酷的现实中低下了头。偶尔，她也会坐在床前，闭上眼睛冥想，当年的明眸皓齿转眼就扑空。那样的一栋别墅，那样的一个梦幻，肥皂泡一样地幻灭了。现在，她过上了古莉当年的生活，不甘心又能怎样？她必须面对现实。那些诱惑，折腾来，折腾去，到头来终究一场空。

古莉一毕业，就遇到了她的爱人，他们相恋不久便结了婚。结婚后，古莉一边上班，一边打理家务。老公则在外奋斗，没几年，古莉的老公便收获颇丰。不仅成立了新公司，还拥有了自己的别墅，古莉把家装修成欧式风格。没事的时候，就会带着小孩，在后花园招待朋友。

她成了景盈，景盈却成了她。

景盈曾不无羡慕地说，多希望有她那样的好运，如果命运可以交换，她真的好想成为古莉。

古莉笑了，她说：听烦了别人说羡慕我的生活。任何人都不必羡慕别人，没有人生是容易的。看起来光鲜的生活，永远有着你无法承受也不愿承受的痛苦。我曾经试想过我认识的那些人的人生，即使看起来很美，我也不愿意与任何人交换生活。如果你知道我付出的代价，你就不会轻易地说羡慕。不要去羡慕别人的生活，即使那个人看起来快乐富足。永远不要去评价别人是否幸福，即使那个人看起来孤独无助。幸福如人饮水，冷暖自知。你不是别人，怎知别人走过的路，怎知别人心中的乐与苦。

她和老公的生活一波三折，他们在最艰难的时候，公司周转不灵，她只能挨家挨户地去借钱，不惜把唯一的一处房子也抵押了。老公每天都回来很晚，她要伺候他入睡，他喝醉了，就会耍酒疯，她忍着伤心，给他半夜去煲醒酒汤。在她怀孕的时候，她吃不下东西，总是呕吐，可是，她的男人却在外面陪着客户喝酒。每次去产检，都是她一个人挺着大肚子，排队挂号。生完孩子，她也遭遇到了婚姻危机，男人和年轻的女孩有了私情，她整夜整夜哭泣，直到把眼睛哭得像脱水的桃子。没有一帆风顺的爱情，更没有一帆风顺的婚姻，多美好的外表下面，都有眼泪的痕迹。古莉用隐忍赶走了小三，所有的煎熬，她把它们吞进肚子里，封存起来，她的心里没有住着妖魔，在她看来，一切都能过去，生活终究会风轻云淡。

景盈终于明白，她输在了哪里！一个女人，满心欢喜地等待生活的垂青，心中却不把自己摆在一个正当的位置，总是容易被诱惑，总是心存侥幸。做生活的投机犯，日久年深，当贪念统统占领了身体，注定万劫不复。

景盈的心安静下来，这么多年漫无目的地追逐，一直被心底的贪念统治，终是不肯脚踏实地行走，如今，她尝到了，也领悟到了生活给予每个人的公平公正。她，终于赶走心中的妖魔。

综述

在某种特定的环境下，强者不一定能活下去，能活下去的，一定都是强者。“女汉子”是女性发展的进阶，是女性自我意识的觉醒。没有什么障碍可以真正阻拦“女汉子”的脚步。既然活着，总要闪光。“女汉子”对待人生的态度，可以是霹雳，可以是静谧的晚霞，但内心一定是强大的，就像无惧黑暗的氖灯。

第二章 无拘无束过，自由自在活

“女汉子”亦是女子，女子和“女汉子”无外乎凡人，既然是凡人我辈，内心的精粹需要不断提炼，女子柔弱，“女汉子”柔韧，韧是一种经历，就像刀需经过磨刀石的摧残，才会绽放它的锋芒。修心，是“女汉子”的利器，只有心的坚固，路才顺畅。于人于己，都是最好的交待。

PART ONE

性格瑕疵，也是一种美

做为一条“女汉子”，我有着正常人的喜好和情绪，会喜欢一些漂亮的衣服，是完完全全的紫色控。我会喜欢做一些和工作无关的事情，比如淘宝买廉价首饰，然后再转送他人。我讨厌气球，讨厌鞭炮，讨厌一触即发又毫无准备的危机。我会生气，会发怒，会在某种情绪下，说话尖酸刻薄，容易极端，是个不折不扣的人性完美主义者。见到不平事乐于拔刀相助，喜欢搭讪，愿意倾听他人的故事。自己很清醒，从来都不是完美的人，这辈子更不可能完美。

我和很多“女汉子”一样，存在各种各样的问题，却依旧坚实地活着。

相比于完美，我更容易接受所谓的瑕疵。

上天塑造了不同于己的个体，赐予每个个体有“缺口”的灵魂。我把鲜明的特性称之为缺口，正因为这个缺口，每个人才会不同，才会在日渐深沉的岁月中保持自我修复的态度。我是不相信有所谓的完美存在的。

物竞天择，完美的物种无法在物欲横流的环境保持完整，太过非凡的东西，总会遭遇不幸的掠夺，要么生命短促，要么赐予亲近者不幸。那颗著名的传奇“希望之星”，从路易十四到路易十五的情妇，从霍普到温斯顿，完美且极具价值的钻石，只慷慨地送给持有者死亡和绝望。

完美对我而言，不存在任何价值。本来就是肉体凡胎，追求完美就仿佛让一个小丑去扮演公主，根本没有可能。倒是那些鲜活个性，吸引着我。

有人多愁善感，有人油嘴滑舌，有人耿直爽快，有人爱嫉贤妒能……这才是真实的人，真实的人性。所以，没必要为自己的不完美感到愧疚。

可是，很多女孩，在追求完美之凶狠，几乎到了天塌地陷，也要让自己闪闪发亮万人瞩目的程度。

最近，我遇到一传奇般的奇葩女子。接触中，我发现她对自己的外貌，有着强烈的苛求。不管是在谈合同，或者在等人的时候，每隔几分钟，她便会拿出镜子，不是整理头发，便是补妆。我很好奇她那份对形象的偏执。后来，得知她的传奇故事，先是年纪轻轻嫁入豪门大户，育有一女，因受不了婆婆的挤压，老公的花心出轨。一怒之下，净身出户。

从前靠着婆家生活的小女人，从一贫如洗，到历练成如今的独立白领，很辛苦，很励志！离婚两年，遇到现男友，现男友在得知她有过一段不幸婚姻的情况下，依旧被她吸引，展开追求。男友比她年龄小几岁，又未婚，年龄差距成为她心中的芥蒂。她害怕老去，害怕被抛弃。于是，十分重视自我形象。她很多时候都在说，如果我可以再漂亮一点，再年轻一点，气质再好一点，个头再高一点……

于是，一个三十岁的女人，扮萌，装可爱，做那个男人喜欢的一切。其实，这些问题都不是重点，重点是人人都对自己和自己的处境不满足。内心空虚，安全感缺失。一个真正的“女汉子”，不该对这样的问题抱有恐惧心态，你要相信，他来，是爱你。他走，是不再爱你。顺其自然的感情，更容易把握和持久。诚惶诚恐，对谁来说都是负担。

她让我想起年轻时的自己，那时，年轻气盛，脑子就像开了一个巨大的洞，可眼睛里却不能揉“沙子”。那些“沙子”来自内心的感受，遇到挫败时会沮丧，受到伤害时会疯狂。任性、刁蛮的同时，想得到更多。追求完美，又太注意他人对自我的评价，总会太在乎除了自己以外的任何人。于是，我被那些“沙子”深深地折磨，坐卧难安，喉中长刺。从眼睛里折射出来的人和事，满是愤懑的瑕疵。殊不知，所有岁月交织碰撞出来的痕迹，恰恰是自我成长撕裂后的影子。随着年龄的增长，我就愈加变得不够可爱和成熟。大概只有人越活越老练的时候，才能自然而然读出当年的稚嫩。

你还记得曾经的那个自己吗？倒退五年的自己，倒退十年的自己，那些莽撞的过去，是不是在记忆深处苏醒了？那些过去，亦是现在。我们一直都没有停止追逐自我的脚步。追求完美，不过是空谈而已，是刻薄自己，是扼杀自己。

当然，过于放纵，拿出破罐破摔的架势同样不可取。有些过于强势的女人，她们总是驾着一片乌云，黑压压掩杀而来，她们设定目标，搭建模型，势如破竹地推进，推土机般碾轧过别人的生活和自己的心灵，她们是分秒必争的人，分毫必争的人。这个实惠是我的，这个荣耀是我的，这个位置是我的，这个男人是我的。所有的一切，都是我的。你们的存在，都该为我服务，你们都该是我的奴仆。自我模式进入超级完美状态，好像我就是天下第一，是完美无缺的最佳人类。

幸好这个时代不是唐朝，否则，她就是武则天。幸好也不是清朝,不然她就要做慈禧。当灵魂的缺口成为别人的障碍时，性格瑕疵，就成了真的瑕疵。不管是你的亲人，还是你的爱人，都会被这个缺口所吞噬，成为你不良性格的牺牲品。做女人，千万别做到这种地步，那是极其失败的。虽然短时间会征服一些人，不过，更多人想逃之夭夭。

做个让人赏心悦目的“女汉子”，给予别人积极的乐活正能量。我认识的一些同行中，有几个“女汉子”，将生活过到了极致。

一位出过车祸，双腿残疾的姑娘，靠着微薄的稿费，资助失学儿童，她在适婚的年龄结婚生子，找到一位爱她的男人。她生性乐观,为人豁达。她尽可能地给予别人温暖。她告诉我，她虽然靠着轮椅生活，身体上的残缺，她根本不以为意。她是真正可以做到不在意的人。她说，我觉得我这样很好，生活赐予我很多幸福，失去这双腿，是幸福的代价。身体的不完整，让我的灵魂更完整。

我爱并且钦佩这样的姑娘。而另一位姑娘，是先天跛脚。不惑之年，依旧单身。她收入不菲，为父母买别墅，成为家中支柱。我当时对自己的外表耿耿于怀，当得知她的情况后，不禁好奇。她的回答很干脆。不自信的人，才会介意。自信到底是什么？当我找到答案时，她已经到了别人难以企及的事业巅峰。

不管是身体的瑕疵，或是性格的瑕疵，你要真心实意地接受它，并欣赏它。它是你身体和灵魂的一部分。当无法改变和修正时，你要认真地对待它。告诉自己，这才是真实的自己。一个不能接受自己的人，谈不上完整。

一个不能欣赏他人，包容他人的人，谈不上善良。人不仅仅要接受自己，也要接受整个世界，以及这个世界带给你所有的不完美，不顺遂。这样走过的路，才会是美好的，只属于你自己的。

PART TWO

别人的，未必适合你

别人的房子看起来似乎更气派，别人赚的钱似乎更容易，别人的爱人就是比自己的更俊俏多情。别人的性格更受到欢迎，就连别人的微笑，都值得攀比。

这种情况在女士圈很普遍。这是闺蜜和闺蜜的较量，姐妹和姐妹的抗衡。

从小玩到大的朋友，其实在潜移默化中，很多习惯早已经相互传染。小时候，喜欢和姐姐在一起玩。姐姐走到哪里，我就跟到哪里，像条阴魂不散的小尾巴。她学习刻苦，穿着讲究，说话慢条斯理，嗓音很甜，人缘又极佳。她成为我仰视的对象，内心又极度渴望超越。我开始模仿她的一切，她的语调，她的举止，她走路的样子。她不要的旧衣服，统统留给我。我穿着她的旧衣服，在她的身后做她的影子。

有一年，林志颖的《十七岁那年的雨季》很流行，姐姐成为他的粉丝。

于是，我也开始发疯地收集有关林志颖的贴片。慢慢地，我好像习惯了做姐姐的影子。很快，姐姐不再喜欢林志颖，她的偶像变成刘德华。少女时期的我，懵懵懂懂间，忽然意识到，做影子，是件多么悲哀的事情。影子是被阳光忽视的地方，如果一味穿着别人的鞋子，走别人的路，成为第二个存在的人，便会永远失去自己。可以想象，你穿着别人不适合的旧衣服，像个傻瓜一样沾沾自喜。当我意识到自己的重要性，决定做回自己。

如今，我和姐姐走向不同的人生之路，她喜欢应酬，人情往来，如鱼得水。我喜欢独处，愿意在静谧的空间幻想和思考。我终于摆脱某种潜意识的依赖。是的，我把这种潜意识的攀比称之为依赖。

攀比、羡慕、嫉妒，是女人很正常的行为。我的那位“菟丝子”闺蜜，便很会抱怨。她的朋友去相亲，她很嫉妒。她的朋友买房子，她也很嫉妒。她嫉妒的方式，还算善良。只是给对方泼一瓢凉水而已。

所以，很多人都认同，女人多的地方，是非就多。你用高级化妆品，她也赶紧去买。你穿国际名牌，她也紧随其后。你换了车，她立刻去买一台更高级的。不管适合不适合，生活就要紧绷着继续转下去。美其名曰，人争一口气，佛争一炷香。有时候，她恨不得与对方来一场“变形记”。如果我是她，该有多好！可惜，你不是她，她也不是某人。

一个不能接受自己灵魂和处境的人，是不懂感恩的。不懂感恩的人，就不容易拥有幸福，即便拥有了幸福，也不知珍惜。

老人们常说，人贵知足！知足的内涵就是，你接纳了自己，接纳了别人，接纳了你所拥有的一切。

到目前为止，在物质上，我远远落在姐姐身后。换做从前，我可能会慌乱着结婚，慌乱着生子，疲于奔命地追着姐姐的脚步。可现在不同了，我悠然地过着属于自己的生活，和我的爱宠们在一起，做着自己喜欢的事业。虽然清贫，却自得其乐。

因为，我过得每一天，都是心甘情愿的，不慌不忙的。心若笃定，必不受动摇。

可能，此时此刻的你，正在受到贫穷的煎熬。也可能，你想放弃长久以来坚持的梦想。看着身边的人一个个发迹起来，你觉得命运不公。你想和他们一样，走捷径，来换取别人的艳羡。

别人的路，真的适合你吗？我认识一个人，为拓展业务，不断“献身”。事业蒸蒸日上，她的绯闻人尽皆知。有人议论，有人效仿。最后，她的那点事儿，为人不齿。虽然事业成功，却家庭破裂。她一个人孤零零地住着几百平的别墅，人老珠黄。

有位居士在一本劝导人如何排遣烦恼的书里，这样写道：上了年纪的人都知道，人生很短，短到瞬息，没必要入戏太深。

你所计较的，你所在意的，你所耿耿于怀的，都是时间的皮屑。与其忙着模仿别人，嫉恨别人，不如活出自己的精彩，穿自己的鞋子，走自己的路。鞋子可以不华丽，但是属于你的人生之路必定华丽。贫穷和疾病，失意和挫败，普通人都会遭遇。

三十年河东，三十年河西。兜兜转转的人生，本来就会有低谷，有高潮。低谷时，别迷失，高潮时，别得意忘形，守住本分，安之若泰。

“女汉子”们的独特之处，亦是能释放本真的自我。她们是比一般人更具有辨识度的一群人，而我，有幸成为这群人中的一员，我感到荣耀。

PART THREE

安抚不停追逐的自己

生活不曾善待过谁，大家都一样，每天都疲于奔命，为了讨一口饭吃。若想要获得自我满足，便要付出比一般人更多的辛苦。奔跑过快，太累且容易跌倒。

有时候，步调会慢下来，内心会疲倦，会受伤。“女汉子”多是性情中人，性情中人，至情至性，有起有落，最终逃脱不了红尘俗事的牵绊。

“女汉子”有属于“女汉子”的烦恼。大到爱情、婚姻和事业的重大挫伤，小到细枝末节的烦恼。比如，老公又喝得醉醺醺、家人是讨债鬼、上司出难题、头发总是开叉、脸上不停地冒痘痘、体脂肪爆表等负能量带来的负情绪。

面对种种困扰，有人选择求助他人，找一二好友，诉说心中烦恼。情绪倾泻完毕，心情是否真的愉快？我想未必！寻求倾听者，会带来两种结果。一是，被倾听者鄙视。谁都知道，把弱势和丑陋的伤口露出来给别人看，别人不会为此更加同情你。二是，你的秘密和烦恼将被所有人熟知，并成为别人茶余饭后的闲话。这是一个拿别人痛楚取乐的年代，人人口疏。我有两个情商很高的朋友，一是菟丝子小姐，另外一位是从豪门净身出户的“女汉子”。菟丝子小姐瞒着所有朋友偷偷打掉了孩子，直到离婚，她才吐露口风。净身出户的“女汉子”同样出色，她离婚的事情，公司同事没有一个知道，包括她即将再婚。

女人，不仅仅要学会和别人相处，也要学会如何和自己相处，懂得处理自己疲倦之后产生的不良情绪。有人为了男人要死要活，有人为了爱情放弃事业。但毕竟是为了追求自己想要得到的。

有两样东西，大家都认同是最好的，得不到和已失去。我们珍惜的总是其他，却不是自己。殊不知，疏导自我，安抚自我，是“女汉子”们一生最重要的课程。

这么多年，我时不时会想起一个女孩，那个女孩在世的时候，很优秀也很漂亮。怎么形容她呢？浓墨重彩！无论她在哪儿，站在哪里，都似一道风景。在我以前的书里，我也曾用这样的方式记念过她。当时，她陷入爱情，仿佛戒指掉入盛满酒的高脚杯一样，无法自拔。她的结局很惨烈，随着爱情的失败，她演绎了《魂断蓝桥》的情节。一个人迎着飞驰的火车，毫无眷恋地离开。

这世道很苦，做女人也很苦。人生不就如此吗？享受苦，享受乐，这才是正常的苦乐人生。离世的她却不明白。人生起起伏伏，再正常不过。我想，可能很多人在幸福时，身边莺歌燕舞，觥筹交错，内心是不会感到失落和彷徨的。失意时，更无暇安抚自我。然后，自己倒像一团漆黑的影子，不会在忙碌的时候，问候一下自己，累不累，还能不能撑住？辛苦的时候，问问内心，到底快乐不快乐？

有段时间，很漫长。我长期感到压抑，生活上的苦，对我而言，不算苦。可以少吃一点，可以少睡一点，可以少穿一点。感情不顺，更谈不上有事业，工作勉强糊口……那种感觉很艰难，好像全世界都在挤压我，和我作对。又时逢家人重病，又有心无力。

可想而知的那种绝望。痛不欲生，没用！以泪洗面，没用！幸好，并没有自甘堕落。那时，距离我工作的地方，有一座很高的天桥，天桥旁是斜斜的山坡，山坡处开了一家沙县小吃，生意零落。站在天桥，望着川流不息的街道，有种想跳下去的冲动。结果是，我走下天桥，去小馆吃了饭。人在某个瞬间，会突然开窍。我把所有的钱都寄给家里，祈祷家人身体健康。这是我唯一能做的事情。

这个世界既然无法因为你的坏情绪而改变，那就什么都不需要去做，让自己平静下来，坏时光总会过去。我一路都在和自己的内心对抗，告诉自己，好好活下去，事情总会有转机。佛教所说的无常，正是如此。好事情不会持续太久，坏事情也不会持续太久。然后，努力认真地活着，完全对得起自己。事情真的有了转机。家人康复，自己的薪资上涨。原来，没有比抛弃自我，更糟心的事情了。

一位婚姻不幸的女士，丈夫出轨，抛弃家人孩子，她自己又没有经济来源，只有忍气吞声看着男人和小三生活在一起。忍无可忍的时候，她气急攻心，患上神经分裂症。这样的渣男不要也罢！委屈自己，从而彻底失去再度拥有幸福的机会。

活着，就会受伤。要懂得，自己给自己疗伤。这种疗伤是什么？是相信！是对希望的相信。即使这个世界十分隐晦，十分邪恶，即使它让你生不如死，也依然要鼓足勇气，勇敢地过下去。因为，希望是不会死的。这是这个世界留给我们的悲悯。

虽是“女汉子”，未必长了一颗金刚石的心。伤害在所难免，重在如何看待，不如让自己保持平静。其实，一个人越看重什么，就越容易被什么所累。追逐爱情，容易被男人羁绊。

看重亲情，就容易被亲情所钳制。看重事业，容易失去的更多。人都是带着任务来，然后完成任务而去，走弯路的时候，会看到更多的风景。生病的时候，会知道健康的珍贵。贫穷会令一个人学会驾驭金钱，这就是自然锤炼的结果，赐予女性强韧和勇气。

人生，看似山穷水尽，但有时，只要破釜沉舟，就会绝处逢生。当然，如果跑得太急，一定要告诫自己，缓一缓，一切都来得及。

PART FOUR

与其杞人忧天，不如顺其自然

某姑娘，每天都担心三餐没有着落，完全生活在恐惧之中。为了排遣恐惧，她开始研究星相，星座，以及找卦师算命。

人类的恐惧寄生在某种情绪的土壤里，恐惧是种子，会在坏情绪中发芽、生长、吞噬自我。其实，人们都有恐惧，有些人不示众，有些人用忙碌冲淡恐惧对自我的操纵感。

对那个整天算命的姑娘而言，算命是她分化恐惧的方式。最后，算来算去，生活依旧没有起色。家人并没有因此减少对她的唠叨，事业方面，仍停滞不前。

一切的一切，还是那么不顺利。

她怎么可能顺利呢？不管是用算命的方式生活，还是用其他的方式生活，先是恐惧，后是逃避。逃避是最容易的生存方式。可逃避不是解决的关键。担心和害怕一样是负累，不能令事情圆满。那些作家们，常常害怕文思枯竭，再也写不出东西。可他或她，不能因为担心写不出东西，就放弃写作。商人，害怕做生意会赔钱，可做生意的人依旧前仆后继……身为人母，很多母亲担心自己的孩子长大不成器，愈担心，孩子愈加不成器。宠物控们害怕宠物会离开自己，宠物们倒活得自得其乐……

事情不会因为某人的担忧而发生逆转，即便真的有逆转，也只会向更坏的方向发展。恐惧是未来的障碍，很多人活得并不轻松，却仍在顽强地支撑着自己的生活和家庭。一位女作家说，恐惧，是一个人成年之后最大的悲伤。

我觉得，这种悲伤，贯穿生命的始终。从懂事开始，到生命的终结。年纪愈大，愈不能释怀。唯有看破，才得从容，那又是何等困难！一粒细沙，尚有大千世界，粗陋的人性，自然需要修行才能释其光芒。

活在当下，等同于禅心。

有多少人能真正做到顺其自然？！

电影《清潭菩萨》中，拥有灵力住在养老院的妈妈，早获知自己的丈夫将会在何时何地以何种方式去世，她从养老院逃离，拿着准备好的白色麻衣等着女儿回来。

女儿生气地问妈妈为什么不提前告知父亲，这样就可以避免父亲的悲剧。当时，妈妈的解释是，武当（算命为生的女占卜师）就像是给雨中的人递一把伞，你可以提醒他带伞或者给他一把伞，却不能阻止天气是否下雨。人都要服从自己的命运，顺其自然。瓜熟蒂落，是最美的风景，就像四季的交替，春吐绿，夏繁花，秋落叶，冬霜雪。

这样超然境界，对大多数人来说，难度系数稍大。

我深有感触，曾经养过一条小狗，特别爱它。可它的身体并不好，很瘦弱。我每天都反复想，它如果去世了，我该多么难过。总是忧心忡忡，觉得它很快就会离我而去。事情果然如此，它没有病逝，让人有些意外。我十二分悲怆，为了记念那“孩子”，我以它为主线做了一个剧本，剧本播出的时候，已经是它离世三年后。这段时间，我不断反省，一般人虽然做不到不以物喜，不以己悲的程度，却可以做到珍惜当下，不窥未来。

所有有形的东西，不管是人，还是精美的器皿，只要它是以形式存在，都会有腐坏的一天。

生命有终点，我们不能因为有终点，而不去精彩地生活。更不能为了一些发生的或是即将发生的事情殚精竭虑，有些事情可以避免，有些事情逃不掉。

能避免的尽力而为，逃不掉的，既来之，则安之。

我有个同年的表妹，命运不济。少时得爱甚少，个性柔弱。成婚后，婆婆不容，非打即骂，幸好丈夫待她不薄，两人恩爱。后来，生一子。长到三四岁不会开口说话，检查告知是脑瘫。我见到她时，她的孩子已有七八岁，身体不能自主。她的变化极大，我形容她的过去是尚未开刃的刀，如今已见凛凛杀气。她苦笑，诉说这些年经历的苦恼。

曾经她担心那孩子的将来，有过为他再生一个孩子的打算，将来以备有个弟弟妹妹照顾他。可想一想，这样是对第二个孩子的不公平。与其为一人的不幸，再增加一个不幸的人，不如过好现在的日子。

女人，都该有这样的气魄。不要为一丁点的小事愁眉不展。

比如说，整天担心他不爱我了？他怎么不接电话？他对我不像以前热情了……他离开我，我就去上吊！执着小爱，是件痛苦无比的事情。当然，有些问题通过自身努力是可以避免的。考试,可以尽量不让自己挂科。工作上兢兢业业,就自然有回报。下雨前，收掉衣服……等等。

有句话叫：尽人事，听天命！不能把恐惧当作理由，苟且下去。直面惨淡人生，不惧挫败，这才叫不辜负。这对“女汉子”来说，应该是手到擒来。

PART FIVE

你要选择哪一种生活？

活法，是后天积淀得到的对生活的实质追求。

我喜欢用活法来描述人对生活的选择。男人有追求，女人亦有追求。“女汉子”的选择自主性更强，更遵从内心的判读和喜好。

我见过很多人，过着安稳的生活，他们像一颗螺丝，用生活把自己固定钉在某个圈子里，每天朝九晚五,三点一线，波澜不惊地固守着自己的阵地。当然，也有人放逐自我，做背包客，游览大千世界，做苦行僧式的旅者。这个世界，丰富多彩，有人愿意宅，有人愿意闯。不过，生活在中国式的大环境里，很难做到独善其身。

我们的亲人和爱人，会喋喋不休地在你耳边叨扰，每走一步，就会有人跳出来指责和干涉。从懂事开始，到生命终点，所有人都拿着指挥棒，仿佛你是他们尚未完成的作品。他们总有权推你一把，或者踩你几脚。

我从事文字工作，已六载有余，虽然现在依旧一文不名，且为了追求我所热爱的事业，熬成了“齐天大圣”，但是我一点都不后悔。最初走这条路很艰难，小姑听说后，特意跑来劝告我，不要做这种事，并举出身边失败的例子。

我知道，她是出于好心。怕在写作这条路上耽误了自己。像她这种直截了当阻拦的，倒是光明之人，更多的人开始风言风语。直到，我陆续开始发表文章 ，才封住了关于这方面的流言。而关于其他的流言版本，我并不太上心。

人生不活在风口浪尖，很难证明你的存在感。有时候，叛逆精神是逆流而上的双桨。你成功了，它成为你的荣耀。你失败了，它就是压垮你的最后一根稻草。

与我不同的某位老友，可以说，她的才华凌驾很多人之上。

可她听了父母的建议，糊里糊涂结婚，糊里糊涂怀孕，彻底放弃了引以为傲的文学。有一天深夜，她突然跑过来，跟我说，很想念曾一起执著于文字的老友。她觉得，她时常陷入空虚，每天就是跑到单位，和一群女人吹嘘和攀比，攀比之后，不管输赢，都是无尽的空虚。有时候，看着她的老公和儿子，内心既有幸福，又有失落。

一眼望穿的未来，毫无幻象的生活，她特别后悔放弃文字。

她的这一番话，有一定成分是在晒幸福，但是也有一部分，道出放弃追求的真实感受。和她一同出道仍然坚持的很多姐妹，早已走上编剧和作家的道路，这份失意无论如何，也是平凡生活给予不了的。

如果换做从前，我认为这会是她的人生选择，就像你面前摆放着很多东西，你偏偏去拿你认为“对”的那个。

于是，通过获得“对”的东西，牵出内心更多的欲望。变来变去，变成一个面目全非，令自己讨厌的自己，尔后，懊悔当初的草率。

如果有一天，真的如此演变，那也是另外一种人生体验。但只要是自己选的，就应该能承受一切后果，哪怕是苦果！而我们所执著的，是成就我们与我们选择之间的媒介。做为一个厨师，是食材选择你，于是，你会擅长烹饪某一系菜系。做为一个作家，是文字选择你，令你拥有不一样的文笔和文风。这是双向选择，恰似你情我愿，却又不是简单的巧合。

遇上某一种生活，是缘分，是命运，是恩赐。做小贩也好，做 CEO 也好，做医生也好，做建筑师也好，做演员也好，做家庭主妇也好，这是你的内心和选择的契合。

而我，希望每个姑娘，在这方面，都能真诚地为自己活一次。取悦他人的选择，始终不是自己所期待的。有时你从错误中学习反而好过顺着命运去走，认为自己无从选择而感到怨恨。如果关于感情，更要顺从自己的内心。

有些姑娘太顺从父母的安排，非富不嫁，虽然赢得衣食无忧，却丧失了恋爱的幻想和体验。一个不以爱情为基础的婚姻，很难善终。

物质会成全欲望，却成全不了更高一层次的精神追求。物质时代下的婚姻，因此才会面目全非。大家马不停蹄地结婚，然后马不停蹄地离婚。虽然谁都明白，杀敌一千，自损八百的道理，可谁都控制不了这种局面的发生。

最后导致，门第相差悬殊、失去家庭地位的同时，也失去自我。不如，找个相爱的人，两人白手起家，吵吵闹闹过一生才热闹。

如我新结识的一位友人，嫁入富裕人家，自己在婆家家庭地位卑微，甚至做月子的时候，娘家不敢去伺候月子，担心被人刁难。其中凄凉，不是一般人能体会。而她和丈夫，终不欢而散。用自由、尊严和婚姻去换取金钱，是最不明智的选择。

你要选择哪一种生活？哪一种生活就会给出你答案。

人和人不同，人的活法自然千差万别。对于我，选择了一条自由，独立和有尊严的道路。虽然艰辛，却是我所想要的。为其所付出的代价，也是值得的。

你总是要为了一种选择，而放弃其他的选择。是天意，还是你内心的召唤？“女汉子”是否成竹在胸？我想，每个人都有一个属于自己的正确答案。

PART SIX

享受你的选择

几年前，我到处流浪，可以随心所欲到任何地方。

遇上“汪星人”猴子兄弟时，我选择了救助。猴子兄弟是一窝狗狗，它们当时面临被饿死的危险。我带着它们，回到故乡。这意味着，我在它们的有生之年，都不可能再像从前一样生活了。它们成为我的牵绊，于是，我在故乡安定下来。

当朋友聚会，我缺席，当别人旅行玩乐，我在家陪着狗狗。这时候，亲戚们又跳出来，指责我花钱养狗，倒不如拿钱出来给他们。

人就是这样，看不得别人安稳和喜乐。

这几年，我虽然不能自由自在，可内心平静。和狗狗们在一起生活，它们教会我忠诚和等候，重点是无私的爱。我所有的付出，没有指望它们会有回报。

潜移默化之下，我对生命有了新的认识。

人需要慈悲之爱，来化解心中的空虚。

是的，我很享受这种不自由的生活。

人生苦短，有时很难会顺着自己的意愿活着。真的有一天获得了这种资格，除了感恩之外，便是满足。

欲壑难填，很多人得到一之后，会想要二，得到二后，会想要三。之前所说，很多女孩为金钱选择婚姻的时候，虽然得到富足生活，却不满得到的，想得到更多，比如爱情。结婚之内，一改婚前的温婉可人，化身“作”女，要求多多。期待老公送情人节礼物，期待老公记住结婚纪念日，渴望老公温柔体贴……男人与女人思维不同，婚后更关注事业。男人并非都是头脑简单之流，知道自己的资本，也深谙女人嫁给自己的目的，自然不会太任由老婆“胡闹”。

事与愿违，难免两性关系容易冲突。欲壑难填，往往是自掘坟墓。

一旦离婚，便成了不受欢迎的女人。前一段时间，有条很热的新闻，说大年三十，离婚女子带着孩子去宾馆过夜。娘家因旧俗容不下，离了婚的婆家自然更不是家。这是何等的凄凉！

我并不是说，要大家都忍辱负重不离婚。而是提醒，在你选择一种生活之后，有足够的心理准备，去应付这种生活给你带来的弊端。好也是生活，坏也是生活。挺过去，都能过去。倘若，这种生活是你一心所要的。离婚亦是脱离苦海，那自然是一种享受。

我所接触的一些单身母亲，很多人都认为，离婚是解脱。为数不少的“女汉子”，渐渐开拓了自己的事业。当初苦苦追求的，令自己迷失的，不过是一团泡影。靠谁，都不如靠自己。

我一向赞成女性的解放，经济的独立，人格的独立，自爱而坚强，勇敢不失智慧。即使生活在糟糕的环境中，仍充满希望。我相信，苦难不会持续太久。和幸福一样，如果不懂珍惜，幸福也不会持续太久。

向我抱怨太平静太空虚太幸福的老友，因为家庭放弃她曾闪耀过的事业，心中难免会生出芥蒂。不过，她是个很聪明的姑娘，应该懂得权衡。她的安稳生活，是她所选择的。珍惜和感恩是冻结幸福的钥匙。有个爱自己的丈夫，有个爱自己的孩子，生活无忧，是很多女人的梦想。守住幸福很难，打碎它，很容易。

相比之下，做有事业的女性更艰难。

一位靠收废品起家，抚育成才四个孩子，一生很坎坷的老婆婆，她少年丧父，中年丧夫，贫穷半生，她说，最穷的时候，初到北京，几口人住在一间低矮破旧的民房中，每天，她的孩子赶工做服装，她就到附近的厂子捡别人丢掉的空瓶子和废纸皮。靠着勤俭，数年后，她的几个孩子成为北京最有钱的温州人之一。

她庆幸当初的坚持，至今，她也不觉得那是辛苦。每次说起来那些经历，她都一脸自豪。人是可以享受幸福的，这和物质无关。因为那条路，是自己所选择的，走起来就显得格外有希望。

你所选的地狱，是你的天堂。

在别人眼中，你是多么地不可思议，你是怪咖，你是奇葩。这都不重要，既然你选择了远方，就别害怕风雨兼程。你认真地倾听了内心的声音，你在按照自我的方式认真生活。

这便是享受！享受我们活在这世上的每一天，每一分，每一秒，每一个梦境。

享受不是挥霍，是对选择的尊重和遵从。千万不要像“包法利夫人”一样，挥霍自己幸福的同时，也粉碎了别人的梦。

当我们从内心接受了不完美的自己，并热爱和执著于自我追求的时候，勇敢和信念会帮助我们完成从女子到“女汉子”的蜕变。一个内心强大的人，才是宇宙无敌女金刚。

LIFE CASE

我们都会有软弱的时候

她是个酒鬼，有事没事的时候，总想着喝上几杯。她的家里摆满酒，办公室的抽屉里放着酒，就连她出差，小提包中都会藏着袖珍的酒瓶，酒瓶里装着她为之深度迷恋的液体。很多人劝谏她戒掉这种习惯。她说，习惯难以戒掉，不是酒有多好喝，而是它能带给她快乐。这样的快乐是从心底驱赶寂寞的过程。

她常年孤身一人，冷冷清清。

有人要给她介绍男友，她摆摆手自嘲着，谁会爱上一个女酒鬼呢？男人都精明又世故，不会对那样的女人有半点兴趣。

她认定了自己的未来，所以也不会花费太多的精力在自己的身上。她不打扮，马马虎虎地过着生活。经常宅在家里，把自己装进卡迪的宽松睡衣里，大半夜还盯着电脑屏幕打游戏。她的饮食不规律，饿的时候，随便吃点就敷衍了事；渴了，就喝碳酸饮料。皮肤也糟糕透顶，完全不像一个二十几岁年轻姑娘的气色。她在一点点地掏空自己，经营着她荒芜的生命。

很多人对她的行为感到匪夷所思，她也从不解释，从不理会，任凭人们杜撰出很多种可能。

直到表妹的突然而至，才打破了她的现状。表妹结了婚，来这座城市公干。她们睡在一张床上。表妹跟她谈起了很多往事。她觉得那些人，那些事距离她很远，仿佛隔着半个世纪。

表妹谈到了她深爱的男人，他生活惬意，就在半年前，有了漂亮可爱的女儿。他的妻子贤惠温柔，懂得生活，他的事业蒸蒸日上。在他的世界里，根本没有她任何的影子。

他们相爱过，有过幸福的时光。那时候的她，不酗酒，没心没肺，对男人忠心耿耿。每逢他吃了亏，她都会冲到前面，像一只张开刺的刺猬，准备冲击目标。她当时以为，他们会结婚，会生个懂事的小孩。伴随着漫不经心的岁月流逝，平淡老去。

她那样想着，也在努力地朝着这个方向走着，跑着。可是，忽然有一天，男人就对她说，其实，他们并不合适。

她问他，什么叫做不合适？

他说，他觉得自己是她的一条狗，他又丑，又不体贴，处处让她操心，她却一如既往地爱着他。这让他无法接受。他不是一条狗，不需要女人的保护和宠溺。在有限的空间里，他需要自由的空间。

她抢白他，那她给他空间，给你自由。

两个人的感情开始进入冰封期。这期间，男人开始创业，他代理了一家品牌女鞋，组建了一个规模很小的公司。公司伊始，举步维艰。她就拿出了平生的积蓄来支持他。他说，除了感谢她，可能什么都给不了她，让她做好心理准备。她不相信他们的未来像他说的一样惨淡。

不久后，他的公司难以维持，他输掉了她的钱，她输掉了感情。两个人的关系越发紧张起来。经常会因为一些事情争吵。

男人终于提出了分手，他告诉她，他在努力地去爱她，一切都尝试过了，可惜，失败了。

她央求过他很多次，她会改掉自己身上的毛病，会迎合他的喜好，她不会再和他吵架。

他反问，这样的承诺说了多少次?

她放低的姿态只是自取其辱。

男人很快离开了她，甚至音信全无。她傻傻地等着，等到最后，她自己都觉得没有意思了。她开始糟蹋自己，不化妆，不讲究，只是将就地活着。

几年过去了，她爱上了酒精，爱上了独自一人让炽烈的液体流淌进身体的感觉，准确地说，那种昏昏沉沉，欲罢不能的醉意，像爱情缠绕着样子。

她听说过他的事情，只是通过表妹的口讲述出来之后，她有一种奇异的痛感。她还在痛，还在爱着。

送走表妹，她恢复了往常的生活。

公司里新来了一批员工，其中有位年轻的男孩，对她表现出极浓的兴趣。他跟在她的身后一口一个“姐姐”地叫着。

他成了她的跟屁虫，吃饭的时候在一张桌子边，喝酒的时候，他抢过她的酒，毫不客气地一饮而尽。熟悉后，他跟着一群同事跑到她家里晒厨艺。他给她做西湖醋鱼，做红烧蹄膀，做拔丝香蕉。

他劝她走时尚风，催促她化妆，敦促她买花裙子。他说，她本该就是个活得精致的女子！在她有一点改变的时候，他给她赞美。他逐渐地走进了她的心里，温暖了她。她努力戒掉酒精，让自己活得阳光一些。

从那时起，她知道，她已经喜欢上了这个年轻热情阳光的男孩。她准备迎接那一份爱。

她决定在他生日当天，她告诉他关于自己的心事。

迎接她的不止是他，还有站在他身边的女孩。他给她介绍，女孩是他谈了数年的女友，今年准备结婚。她哑然失笑，怎么会上演这样狗血的剧情?

那一晚，她喝个不停，无论他怎么劝，都无济于事。

她又恢复了颓废的生活状态，喝酒，失眠，无休无止地泡在网上。不久，她收到了他辞职的消息。临行前，他请她吃了最后一餐饭。

他说，她很像他的姐姐，她的姐姐爱过一个负心的男人，因此，毁了自己的后半生。第一次见面的瞬间，她忧郁的眼神，凌乱的发型，和她姐姐当初的失恋如出一辙。这都是因为他们遇见一些无缘的，不值得爱的男人。即便这样，也不该糟蹋自己。他不要她颓废、空虚、迷茫、糟践自己、惩罚自己。就算这个世界都抛弃了你，你也应该自己珍惜自己。

她误会了他的善意，却明白了，一个女人无论走过多少弯路，都不该放逐自己。

酒精，她始终没有完全戒掉，这东西，少喝是情调，多喝是毒药。她已经可以把握情调和毒药之间的分寸。她还是一个人生活，却多了不少追求者。她的爱情刻骨铭心，却已经和他人无关。她说，以前是将就着爱情，现在是讲究生活。她会结婚，会生孩子，只要碰到对的人，这一切，都会水到渠成。

到那时候，她要感谢两个人，一个是推倒她的男人；另一个是扶起她的男人。因为有了他们，她才会有了今天对生命和幸福的渴求。她为她的软弱感到羞耻，在生活给予的苦难面前，她是个弱者。一个软弱者的自由，根本不是自由。

综述

失去，会伴随着成长增多，如果因为一些糟心的事情而放弃自己，放逐自己，会失去得更彻底。“女汉子”不是与生俱来的强悍，是伴随失去的同时，灵魂在壮大。如果注定要走弯路，请先审视清楚自己的内心。相对自由的灵魂，不是谁都能释放的。“女汉子”就要有“女汉子”的样子和气魄，彷徨时，也能享受短暂的软弱。

第三章“泡男人”，没什么不好意思

“女汉子”大多是生存主义者，在生活面前，显示出强势突出的一面，可在爱情面前，则此消彼长。大多数剩女是优质“女汉子”。独立要强，一副根本不需要男人的架势。自己通马桶，自己换壁纸，自己就像万能的机器人，就算病了，也自己搭车去医院。虽然心中渴望能有一个男人携手到老，独立的个性反而成为障碍，成为感情的“被动者”。于是，与幸福错位，与爱人失之交臂。“女汉子”应该有属于自己的归宿，男人便是女人的最终归宿，抓住一个好男人，是“女汉子”人生中最得意的成就。

PART ONE

对好男人要先下手为强

好男人是指外表不错，家庭良好，受过良好教育，性格稳定，有一定经济基础和能力的男人。虽不一定是“高富帅”，这样的男人却属于阳光“暖男”，给女人足够的安全感。即没有性格扭曲，又不会戾气太过。

和他们在一起，精神能够放松，内心容易安详。这是我所定义的好男人。强势的“女汉子”需要有这样的男人来陪衬，才能摆脱未来更艰难的人生。

一位台湾编剧告诉我，做儿女的，如果不结婚，是大不孝。

父母的心态是希望能在有生之年，看到自己的孩子成家立业。我理解这份沉甸甸的爱。虽然大部分时间是天不遂人愿的。如果有幸遇到好的另一半，是抵死不能放手的。

这世上好的东西都是有寿命的，就像好的男人，数量有限。不及时抢购，恐怕都被“小女人”们抢走了。她们能撒娇，会发嗲，论起驯服男人的手段层出不穷，相比之下，“女汉子”较吃亏，“女汉子”的逞强是硬伤。

遇到了，抓不住，说缘分不到。遇不到，也说缘分不到。

不要用缘分来约束自己的主动，缘分是你看上他，他看上你，两人一眼望过去，就能获知彼此是命中的唯一。可惜，现实昭昭，这样的浪漫邂逅几乎是万分之一，又不是拍电影拍电视剧，二十岁的时候或许能相信，到了“必剩客”和“剩斗士”的年纪，想要大脑多分泌一点多巴胺的机率都在降低。

我在礼仪培训课上认识一位刚满二十二岁的九零后，暂时称呼她为欢欢。她告诉我刚失恋。她和男友是同学，相处三年有余，男孩子是学文艺的，和她并不是一个世界的人。她很清醒地认为，他们没有未来。虽然清醒，但是她的内心还存在着幻想，后来发生的一件事，彻底粉碎了她虚无缥缈的爱情梦。男孩子的搭档抢走了属于她的那份爱情。

人生最憋屈的，莫过于输给一个完全不如自己的女人。

欢欢是那种无论走到哪里，背后都有一束光芒的姑娘。长得极像年轻时的高圆圆，清纯到华丽。她经历了短暂的痛苦，然后告诉我，中国有百分之八十的家庭，未必是因为爱情而结合。她现在或许不能容忍这种凑合，也许将来会和所有人一样，走这条路，只挑好的，不挑爱的。

在大众的眼中，男人和商品没什么两样，可悲的是，女人在男人眼中也一样。

人逐渐沦为高级商品，被一些人和一些家庭品头论足。这也是现在依旧流行相亲模式的根源，女人的年龄和物质条件以及内在外表等等，在对方的眼中成为衡量是否交往的理由。对于剩下的“女汉子”，其年龄成为弱势，年纪越大，这种弱势越明显，好像女人已经失去挑三拣四的资格，能有个男人收了你，就是天大的福气。

所以，当女子超过三十五岁的时候，便很难找到归宿。

我劝欢欢，趁着年轻要赶紧找个好男人把自己嫁了，然后生儿育女，走寻常人走的路。如果要创业，毕竟有男人和家庭在背后支撑自己。欢欢表示，她想做“女汉子”，想过不一样的人生。我苦笑，只能在心中祝福她。

人在做出选择之时，意味着将会失去一部分重要的东西做为选择后的交换。成为“女汉子”不过是提升自己的生存竞争力和强化内心力量。“女汉子”不是最终的结果，最终的结果是这条人生之路能为我们带来可观的幸福。

即使遭遇到最坏的环境，“女汉子”可以逆境求生，我想这才是尽头。

不管是你还是我，成为“女汉子”后或者在成为“女汉子”之前，其实都在不断地做出选择，不管是不是被动，在物竞天择的循环中，欠缺的一部分思想是先下手为强的概念，毕竟，找个人相互依存，一起走过艰难生活是幸运的。

大多数被剩下的“女汉子”不是缘分没到，是太过被动。见到怦然心动的男士，只会原地等待，苦苦暗恋，猜度他是不是也喜欢自己？然后不断用低调的情感对抗占有欲，使得好好的一段感情成为泡影。

最近很多“女汉子”推荐我看《来自星星的你》，常识缺乏的“女汉子”千颂伊，口无遮拦被观众爱称为“二千”。她经济独立人格独立，遇到教授后，成为她一生最大的挑战。她想得到他，想和她生活在一起，想给他生孩子，想一生厮守下去。因为害怕自己衰老，她神经病一样做各种美容。“女汉子”的霸气和占有欲显露无遗，她近乎狂热地死缠着他，向他告白。一般男人是架不住女人这样的死缠烂打的。事实证明，他向她妥协。

虽然是电视剧，里面情节杜撰也好，虚构浪漫也罢。但是至少反应出编剧的人生观和爱情观，即便你是条无需依赖任何人的“女汉子”，也请珍惜爱情和爱人。

他们不会等我们太久，尤其是世俗男人，他们像清晨的露珠，会被适时出现照射到他们生命的阳光所带走。那道阳光正是态度积极的女人。

我希望“女汉子“们能做清晨的第一缕阳光，别错过良辰美景，别错过先机，这样的幸福才会更顺畅。

PART TWO

掌握两性之间的主动权

和男人交往，我最反感的是使用各种心计。

为了“脱光”，学三十六计，学腹黑学，搞多了阴谋诡计的女人，从骨子里透着令人心花乱颤的节奏。之前，我便说过，是锥子总要从口袋里掉出来的。

习惯了直来直往的“女汉子”是不屑于此的。

对于爱情，大都是你情我愿，一个愿意打，一个愿意挨。

如果这真的是爱情倒好，如果不是，便不能自轻自贱。

在天涯看了一个“悲伤到逆流成河”的帖子。一位叫做晓婷的女孩，嫁给一位“穷屌丝”，两人过着贫寒的生活，女孩倒无所谓，愿意跟男人吃苦受累，十年的时间，女孩手头存了点钱，父母让他们回家买房，这时的晓婷才发现，自己的丈夫分文皆无。原来，丈夫背着她，把所有钱全部救助了贫困儿童。不仅给孩子买昂贵的手机，还为他们奔走两地。

有人说，长期的贫穷，让这样的男人产生了心理的扭曲，为了在一座不得志的城池里彰显自己的与众不同，而做着各种努力。晓婷的老公就属于此类。

这话没错，偏偏不是从夫妻角度上去解读的。男女之间的关系如何做到相互信赖，是最困难的。靠时间搞不定，靠手段也搞不定。结婚十年的夫妻二人,老公做什么,女人竟然不知道。这只能说明两点，一是女人太相信男人，二是女人太傻，男人根本就不在乎对方。不管是哪一种，说明在这段感情里，晓婷一直不是掌控者。

女人一旦失去对情感方向的把握，很容易成为培养渣男的温床。尤其是情感的初期。种瓜得瓜的道理虽然人人都懂，可未必人人能种下善果。

男人在追求姑娘的初期，会使用各种小伎俩，比如说，他想见你的时候，便跑来见你。他可能送你很多小礼物，但是都挑他认为漂亮的。他约你去看电影……他始终把自己当作两性关系的主宰者，有意无意之间，造成了一种潜在的隐患。

这段关系是他说了算的。若你向他提出分手，他不同意。若他要提出分手，你便成了弃妇。我曾遇到这样一种男女关系，男的是个一无所有且离过婚的人，一个几乎一无是处失败者。女方是个有才华又年轻的漂亮姑娘。

我很诧异两人是如何走在一起的。

按理说，像那种条件的男人，应该会很珍惜女方。事情出人意料的地方，便是男方的态度强硬，说一不二的典型“窝里横”，对女方抠门到极点，在外充“大头”的一个特别没本事的男人，和晓婷的丈夫有异曲同工之妙，可以送给陌生网友几百块钱的礼物，却不肯给女友花半毛钱。每个月只交付一点房租，便理直气壮地要求女友支撑家庭的开支。他的钱大部分邮寄给家里的老妈和儿子。

我质疑过女孩子的选择，她告诉我，她在最落魄的时候遇到他。他的沧桑令她心疼。他结过婚，有过孩子，妻子先天性的神经病，他吃了很多苦，他们彼此都需要救赎。

她以为，他们在一起能够温暖彼此。为了那一点遥远的温暖，她付出了几年的时光。可情况似乎更坏。他变得毫无节制地差劲儿，她心灰意冷。他们依旧生活在一个屋檐下，却已经形同陌路，不在一张饭桌上吃饭。他开始对她动粗，开始精神虐待她。他的理由是，她应该负担更多的家务和经济。

从一开始，他就认为她应该对他好，他有不幸的遭遇，她该同情他。他在她最落魄的时候帮助过她，她也应该对他好。他把自己摆在救世主的位置，居高临下地望着她。关系一直不对等，即便她再成功，也是他眼中最开始的那个人，那姑娘离开了他。

到最后，他还在命令她回去。她冷笑，终于用几年的经历看懂一句话：可怜之人必有可恨之处。

女人生来就该被人疼。“女汉子”也一样，谁也不欠谁的，谁也没必要把自己放在神坛。

两个人相处就该是自由和平等的。尤其对于“女汉子”来讲，更需要来释放自身的力量。你可以毫无节制地喜欢一个人，却不能毫无节制地纵容一个人。有些东西，你可以拒绝，有些事情，你不能妥协不能让步。

与此同时，你必须掌控整个事件的发展，你才能掌控这段感情。为什么一定要必须？因为男人和女人不同，男人更像孩子，需要女人的引导和呵护。只要不碰触他的雷区，日久天长，你就能抓住他的软肋。

我所认识的恩爱夫妻，无一不是妻子掌控这段感情的走向。而那些男人们也乐得被妻子约束和掌控。

相反，男人掌控的感情，大多分崩离析。

这源于男人的天性，不管是多老实多没本事的男人，都会有自以为是和贪图新鲜感的性格缺陷。你和他过苦日子，你和他守着贫寒，这些付出在变心后没有一点价值。

小女人可能会一哭二闹三上吊，“女汉子”多数为自尊心强的女人，受不了这样的对待，容易以硬碰硬，或者干脆扭头便走。这都不是你想要的结局。

所以，一段感情的开始非常重要。

无论多么强大的人，都应该倾心滋养对方，把对方灌溉成珍视自己的那个人。

PART THREE

学会给予对方真心和安全感

迷恋上一个人，和发情的动物没什么区别。恨不得一天二十四小时都能见到他，脑子里所想的是他，心里惦记的还是他。躺在床上的时候，会浮想联翩，把他想成脚踏七彩祥云姗姗来迟的贵公子。

是的，你发疯一样地希望你和他能共度此生。

我觉得，所有陷入这种情感的姑娘，在当时都会认为这段感情无可匹敌，他是自己遇到的最好的人。

尽管这种把持不住的欲望在疯长，有些姑娘很难把这种狂热付诸行动，便成了有始无终的暗恋。有些姑娘穷追猛打，成就了自己，也俘获了男人的心。

有位姑娘为了能找到一位优秀的伴侣，专门出入高档场所。即使乘坐飞机，也会选择一等舱的商务舱。她的经济其实并没有多好，为此她负债累累。可依旧把自己的品位拉高几个档次。大概不到一年，委身一位富豪，并很快结婚。她成为“剩女”的励志典范。

我不鼓励女人把婚姻当跳板，毕竟秀逗的富豪太少，如果没有邓文迪的手腕，就别随便踏入豪门，所谓一入豪门深似海，如今的富豪们也不养“废人”，没有几个女人能完好如初地在豪门的围墙中度其一生的。即使你是邓文迪，那又怎样？

最近爆出一个女明星，为怀上富商男友的孩子，玩弄心机成功诞下一女，结果逼宫失败，反倒是让自己陷入泥淖。

女人不要为了钱出卖自己，目的性太强，容易自轻自贱。

就像我在前一章节所讲，女人最好是找个情投意合，彼此间有感情的优势男人。薄情寡义之流还是该放下就放下！

在不使用阴谋诡计的情况下，“女汉子”们的经济独立是优势，适当在添加一些交往的机缘，感情便容易水到渠成。

喜欢一个人的时候，不要把喜欢表现得太抢眼，男人对轻易得来的东西，容易懈怠。

比如，可以先当作朋友和哥们儿，有好事分享，有不太重要的事情可以找他帮忙，让他充话费啦，捎带点东西啦！然后以答谢还礼的方式和他接触。这样的接触自然得体，感情深厚些的时候，再探听他对你到底是不是有心。就像“二千”勇敢地向教授表白，女人的表白对男人来讲，是扰乱其心思的杀手锏。只要他对你动了心思，这样坦率直白的示爱，效果最好。相反，如果他对你没有感觉，甚至到了讨厌的地步，迷恋有多深，手段有多高明，男人都不吃那一套。

吃定男人的一颗心，不是简单的靠手段就可以上位的。

“女汉子”的爱，要铿锵有力，为什么说要铿锵，因为男人也是人，男人有自身的弱点，他们也有恐惧，同样需要有人保护和疼爱，再强大的男人都一样。

我最喜欢宫崎骏的一部动画片《哈尔的移动城堡》，他这样诠释男女之爱，哈尔外表英俊，拥有强大的魔法力量，却因为失心变得胆小懦弱。从遇到苏菲之前，他一直都在逃避，也谈过恋爱，也拥有短暂的幸福。自从苏菲走进他的生活后，苏菲的能干，坚强和勇敢，给了他自信和勇气。终于使得他成长为一个有责任心的男人。在这其中，苏菲付出的不仅仅是时间，她可以为他赴汤蹈火。

男人都会为这样的女人倾心。

“女汉子”只要稍微努力，就能做到这一点。而这一切是需要以真心交换的。你的真心，要他感受到。你的付出，要他明白，一切都是为了他。而他，是你的唯一。

很早以前，认识一个傻姑娘，她喜欢上一个冷酷范儿的男人。

男人之前离过婚，离婚的原因是妻子出轨。一般这样的男人更容易走极端，会失去对婚姻的安全感。女孩子不明所以，为了证明她有多么在乎他，自己有多么有魅力，经常接听追求她的其他男人的电话。尤其是在两人吵架之后，男人很生气，变本加厉地虐待她。傻姑娘哭哭啼啼，认为自己为他付出了所有，他怎么还不领情？

两个人的出发点南辕北辙，缘分自然断了。其实，他们彼此间都是在乎对方的，因为感受不到对方的真心而已。多年后，他们各自单身。

所以，“女汉子”想要摆脱单身，走入婚姻，一定要谨记，没有比真心更珍贵的东西了，和他一起承担快乐痛苦，让他相信，你就是可以和他一起抗岁月的人，这时候，爱才会动人，才会让他接受你。

PART FOUR

有尊严的攻心

遇到好男人是运气，抓住好男人是福气，和一个钟情的男人细水长流地相守是本事。一段好的感情，滋养着女人的第二次生命。情感在女人的生命中占有很重要的位置。

一个女人的爱情固然重要，其尊严更重要。不要让男人抓住你的软肋，随意操控你的喜怒哀乐，使你颜面扫地，成为落败的傀儡。尤其是在相处期间，不要给自己埋下分手的隐患。

通常，单身大龄的“女汉子”在和男人的交往中，会显得迫不及待。毕竟自己年龄大，和二十来岁的小女孩想比，已经没有太多的时间可以浪费。

基本不可能谈个恋爱耗上七年八年那么久。

速战速决成为女人们大多的选择，希望能谈一年半载就进入婚期。其实这样的想法无可厚非，谁都不愿意三十岁谈恋爱，四十岁再结婚。漫漫等待中变数太多。可能等到四十岁的时候，新娘已不是你了。

所以男人和女人的谈情说爱，几乎都掺杂着斗智斗勇又可歌可泣的纠缠。天涯上爆料某“白富美”的女明星为逼宫生孩子，拿这件事来说，就碰到了男人的尊严底线，你可以攻心，但是不能撕破男人的脸和自己的脸。拿一件事要挟别人，就算自己称心如意，也难免日后生出嫌隙和厌恶。

我记得行至东莞的时候，在街头遇一对男女，女孩子泪如雨下，哭得撕心裂肺，使劲拉着男人的手臂。男人无动于衷，无论女孩如何苦苦哀求。

看着逐渐有人围观过来，男人试图摆脱女孩子，女孩子索性跪下来。最后，男人呢？依旧是没留住。那时的女孩估计不懂，自己的尊严比别人的尊严应该更重要，倘若她有一天嫁做他人妇，过去十年二十年……甚至更多年之后，这段不堪的回忆会困扰她的一生，她为了一个不值得付出和等待的男人放下脸面和自尊，在一个庞大的城市街头跪在他面前挽留。这将是一生的污痕，不可原谅的污痕。

女人是要高贵起来的。不卑不亢，温暖如光。

这样，男人会尊重你。不会对你如阿猫阿狗般轻慢。哪怕是分手，他也会觉得你不像其他“鼻涕女”。不过，好男人一般感情稳定，不会轻易妥协，亦不会轻易分手。

我遇到过这样一对伉俪，已近半百。

夫妻二人经营着一家民宿旅馆，儿女移居国外。他们不愿客居异国他乡，又怕烦闷，所以才开了这家旅馆。女理财，男迎客。夫妻讲到相处之道，男女各异。

男人在三十多岁时，遇上一位小他十岁的姑娘，之后出轨。

在姑娘的逼迫下，他准备和老婆提出离婚。据他说，当时他们的关系降到冰点，感觉彼此陌生，恨不得一下就结束两人的关系。她唠叨时，他烦。她梳头，他烦。她吃饭，他烦。她睡觉，他烦。怎么看他都不顺眼。他老婆察觉到这些问题，他摊牌。为表歉意，他愿意主动净身出户。女方很果断地答应他，他搬离家庭和年轻姑娘同居。

年轻姑娘见他身无分文，虽然嘴上不说，可心里在冷落他。几个月过去，年轻姑娘弃他而去。他病倒了，急性肾炎。他的老婆得知了他的情况，无微不至地照顾他至康复。之后，一切如常。男人经历了这些变故，打算复婚。女方拒绝。

为寻求原谅，他重新展开追求。

这是丈夫所述的版本。后来，他们再也没分开过。他很珍惜如今和她在一起的每一段光阴。

女人说，她很爱自己的丈夫，她从来都没有想过，他们会有一天分开。

日子似寻常流水，她享受家庭赐予的平静。她的身心是属于家庭的。当她得知他有了外遇，她想过纠缠，想过毫无颜面地挽留，甚至想过用自杀来约束他的行为。

但是，她没有那样做。她觉得每个人都应该留下自己最后的一点尊严，不为自己，也要为了儿女。所以，她咬紧牙关努力他推出去。

他得病的时候，她是知道的。她庆幸她又有了机会。她来到他身边照顾他，给他家人的关怀。他来找她。她为什么要拒绝？她也是为了尊严。不是他想走就走，想来就来。她要给予他真诚的东西，她要的不多，只要他不再轻贱她。她的目的达到了，他们相濡以沫很多年。他们再没分开。

一位很精明的作家说，什么事都有一个临界点。有时你写着写着，烦了，从此不写了。有时你忍着忍着，厌倦了，不再忍了。有时你爱着爱着，累了。有时你活着活着就没意思了，一切就结束了。

人的一生，不过如此。

这个临界点，在我看来，正是自尊。万事万物都有这个点。

孙膑可以装疯卖傻，韩信可以受胯下之辱，这是属于他们的生存临界点。然而，尊严给予爱的临界点是自爱。

“女汉子”们可以为爱痴狂，可以为男人奉献可以奉献的一切，可以去融化他的心，也可以为了他做一些值得做的事情。

当有一天，你成为他生活密不可分的一部分时，闲庭信步，草长莺飞，才是最美的风景。

PART FIVE

如果他太“笨”，你就大胆表白吧

一位六十多岁的女明星隔空喊话，告诉心仪的对象，她很珍惜他，想和他共度余生。

我不知道对方是否是个木讷的男人，可以让已近风烛残年的女人做出如此举动。

人活到六十多岁的时候，还会顾忌什么吗？此时，生命已快走到尽头，再不相爱就真的没有机会了。

女追男靠实力，当女人成为主导，男人会不会乖乖就范？如果他笨得可以，不如给自己一个机会，也给他一次机会。

活得干脆，作风泼辣。

这样的女人是活得明白了。

在男人的问题上，已经无所畏惧。爱他，就追他，就告诉他。

在《来自星星的你》中，“二千”一直是这段感情的主动者，她不止一次地告诉教授，她很爱他。男人的心会在这样的表白中融化，前提是，如果他对你有了感情。这样的坦率是锦上添花，会让男人的爱笃定，笃定你就是他全心全意应该付出的女人。

我一直觉得，这世界上没有真正的笨蛋，笨拙的男人应该有。有的是不确定，他不能确定你是不是可以和他有结果。有些是内敛，不少男人不愿意把内心的情愫对外表达。还有一些，是装出来的。他们希望能像女人一样被追求，这样的追求对他们来说有优越感。像都教授那样的男人，笨拙地爱着“二千”，不肯言爱，完全是出于恐惧。他恐惧失去“二千”，恐惧他们的相爱对彼此是沉重的负担，恐惧生命就此结束。

“女汉子”在遇到这三种男人时，需要拿出魄力。

对于不确定未来的爱人，你要努力做出死心塌地的姿态，告诉他，无论如何你都不会放弃他。给他安全感，让他可以体会到有你在身边的温暖。

如果遇到内敛的男人，千万别客气。他所缺失的，正是你所拥有的。展现热情开朗能干的一面，追到他是迟早的事情。而对待外冷内热恐惧感强而又细腻的男人，只有不停地追逐和等待，最后的答案只能交给时间来定夺了。幸运的话，会结为连理。不幸的话，只有烂尾。不管是哪一种处理方式，最后都是两种结果。要么在一起，要么分开。

缄默不说，任由所爱的人远去，连二分之一的希冀都不存在。

有时候，断了退路，倒能峰回路转柳暗花明。

接触过一位非常可爱又坦率且作风大胆的“女汉子”，她的故事很有趣，她在二十三岁那天，喜欢上一位同龄人。

他们隔一段时间就见面，她也能看出来，男孩子对她抱有好感。但是当时没有明确关系。中途发生了一些事，男孩子以为她水性杨花。她很懊恼，直言告诉他，她喜欢的只有他。他拒绝了她，和她一样很直接。女孩子很生气，却又恋恋不舍。半夜的时候，她想他了，就跑到他家的附近去等他。他们住的距离很远，她却一点都感觉不到累。他躲开她，她气得砸破他的玻璃窗。

他终于相信了她，也表示他喜欢她。可不能和她在一起，因为她的鲁莽断送了一段姻缘。后来，那姑娘的事业做得很好，可惜，一直未婚。

他们住在一座城市，她却再也没有见过他。她总是能从别人的口中听说他的消息。他结婚了，离婚了，生了孩子了，又离婚了，又再婚了。

他应该永远都不知道，虽然她说过爱他，却不知道她到底有多爱他吧！对她来说，那是一辈子！他点燃了她一生的热情，而她的热情随着他的离去，像烟花绽放，是彻底的地老天荒。

人容易被情所困，困在其中无法自拔，偏又极享受如此痛并快乐的刺激，非要活得纠结潦倒。

我不赞成这种类似穷途末路式的感情。

因为误了自己。我一直在表达一种观点，女人在人生面前应该活得独立。如何选择自己的人生，别人当然无权干涉，重在让自己的内心舒坦。

当被男人拒绝，感情无望的时候，应该快速抽身撤退。

没有这个人，还会出现下一个，上天留给我们的总是最好的。就如那个叫做福子的“女汉子”，每一次恋情都无疾而终，表白之后总是暗伤，可她总能从拒绝中解脱出来，然后再次把目光转向另外一个人。总会碰上一个人吧！你爱他，他爱你。

直接表白还有另外一个优势，让温吞的感情迅速进入正轨或者终结。

没什么不好意思的。

男人不会因为你的直白而厌恶你。

各花入各眼，有人会欣赏你的坦率。一个再完美的人，也不可能做到让全世界的人都喜欢。只要自己能够接受不完美的自己，一次拒绝又算得了什么。

我们从出生到离世，经历的拒绝还少吗？至少，得到了自己想要的那个答案。

“女汉子”的心禁得起千般锻造，万般蹂躏。爱他，告诉他，其实没什么了不起。

PART SIX

女人的秘密武器

从前的人们总说，女人一旦热恋起来，智商很容易清零。

之所以会有这样的说法，是因为不能足够理解女人的心态。恋爱会产生依赖感，会容易让女人无条件地信任对方。

这是所谓的一心一意想过日子的心态。

这种心态会导致一些渣男和骗子，才会产生很多夭折畸形的恋情。这样的结果不足以说明女性没有头脑。尤其当下又是“女汉子”横行的时代。

“女汉子”更精于应对各种场面。有的姑娘喜欢上一个男人，先查看对方的身份证之后，再去调查他的开房记录。看他是不是个拈花惹草的“老千”。

这样做与善良无关，只为防范。

这世上有两种东西不能直视，一是太阳，二是人心。

谁都没有自己想的那么好。我自己也一样，虽然在尽量完善自我，仍会有七情六欲，会产生诸多不好的念头。

按理说，和心爱的人在一起应该是甜蜜的，可我相信，大多数人会自觉不自觉地产生冷眼旁观的理性。出于女性的惯性，容易瞻前顾后。有的人一恋爱，便会很彷徨，开始专注对方的缺陷。一旦生活在一起，情况会加重。哪怕是一点小差池，也会导致不满的情绪，于是开始挑剔和争吵。

所以，相爱容易相处难。要持久地抓住一个男人的心，似乎更难。男人的感情比女人显得脆弱。可能是一场吵架，可能是累了烦了，也可能是一句讽刺的话……都会断了男人的情路，离开的姿态比女人决绝。别以为你用爱拖住了他，他就不会走。

前段时间遇到高中同学，听说了一些事。

高中的时候，有对热恋的男女。女孩子和我交好过。我们在大学期间仍保持联络，直至毕业参加工作后，才失去联系。他们的爱情当时算是一段佳话。女孩子很优秀，能力很强，男孩子帅气聪明。后来女孩不断往上走，男孩子失去了等下去的勇气，与一个爱他的人结了婚。我听同学感叹，那女孩放不下，曾回来还找过他。患得患失不是女人专属，男人不是超人，他也有不自信的时候，男人和女人不过是性别差异而已。在他需要你的时候，他最希望你能留在他的身边。如果不是你，那会是别人，别人会取代你。

因为这世上不止你一个人，也不止你一个人喜欢他。

这就是爱情的真相。

我总结过一些人恋爱失败的原因。有一种属于并非是遇人不淑，是自己的心态问题。忘了对方不过是个凡人，可你非要把他当神一样挑剔。心是毫无保留的心，在行动上又显得犹犹豫豫。其表现在于内心笃定，行为迟钝。言简意赅的解释，你想和他在一起，却总是觉得他哪里配不上你。他爱留长指甲，鼻毛太长，穿衣服没品等等。你不能容忍他的小毛病，可他又是你的菜。他约你出去，你推托之后还是出去了。给他的感觉就是：你根本没那么在意他。而你，也从没表达过有多在意他。

等一旦离散，又伤心得不能自已。到那时再告诉他，自己有多在意这段感情，那已经晚了。那些成功擒获男人的女性，基本走的是相反路线，不拘小节又爱得火辣。她们一不满意，偶尔会说："背叛我试试？小心你的脑袋！"即表达出爱意，又表达出心意。男人似乎更容易接受这样的方式。

如今淑女路线已经行不通了。爱男人爱到谨小慎微，就像手心攥着一捧沙，越小心，越流逝。

爱情这东西，因人而异。

每个女人的秘密武器都不同，有的女人喜欢软硬兼施，有的女人则以示弱来压人，有的女人包容，有的女人霸道，有的女人率真，有的女人信任，"因材施教，有的放矢"。

所以很多聪明的姑娘，把自己的另一半做了角色划分，有时候是儿子，有时候是爸爸，有时候是哥哥，有时候是弟弟。不断给他欣喜，不断让他对你感到新鲜。恋爱一样体现女性的智慧。太过单一的恋爱关系，会使得两性关系很枯燥。

电视剧电影里女主角为了吸引男性的目光，做各种尝试，不乏诱惑的片段，这是心机。心机促使恋爱速度，却无法调和在一起的步伐。

所以女人需要掌握的秘密武器，应该是给予自身能量，然后反馈给对方。你要相信自己，也要让他相信，你对他来说是最好的，他亦是你最好的选择。

不断培植这样良性的关系，让他在你的强大能量中获取他所需要的元素。双方有爱情的滋养，有信任的满足，有对未来的渴望，最终是执子之手与子偕老的圆满。

最后，男人和女人在两性关系上，专家们曾做过如此调查，然后做出如下结论。

1. 男女关系上，常常是女人主导而非男人主导。

面对他们心仪的女人，男人内心会表现出极大的恐惧与不安全感。俗话说得好："男追女，隔重山；女追男，隔层纱。"还有一个有意思的现象：在早期的海外留学生中，先抛弃丈夫的女人，往往都是当初主动追求其丈夫的女人。

2. 平时交往过程中，也并非绝对是男方主动女方被动。

相当多的时间里，男人更喜欢女人能主动些。因为，在事业上男人习惯一马当先，但当他进入两人世界的避风港时，女人的胆识与积极态度会让男人在疲惫的拼搏中找到平衡。

3. 男人之所以会不遗余力地追求什么，往往不是因为喜欢，而是因为不能接受失败。

有事业、有野心的男人不会花太多精力去争取一个无望的东西。所以，如果你喜欢这样的男人，不要和他玩情感的把戏。有时男人会费尽心机追求一个女人，却不一定是因为深爱她，而是因为他不能接受失败。这种情况下，一旦得到这个女人，他就不大会再有力气一如既往地营造同样的浪漫，除非他心中仍有不安全感。

4. 如果女人太过主动地向男人献媚，男人不会拒绝你，但是不会与你白头到老。

如果你发现中意的男人对你根本没有兴趣，不要委屈自己一相情愿地跟他在一起。因为有些男人会来者不拒，但是，他的心永远不属于你。所以对于这样的男人，及早放弃。

5. 凡是涉及到性的内容，男人与女人的尺度或标准永远不会相同，那绝对是“只许州官放火，不许百姓点灯”。有些女人在丈夫出轨后，会以自己的出轨来报复，认为“你不忠于我，我也不忠于你”。但是，这样的“报复”往往弄巧成拙。因为男人不认为自己一时风流有什么了不起，但绝不能容忍自己的爱人哪怕有一次“背叛”。

6. 男人同样会嫉妒。这些事业上只能赢不能输的强者，可不希望自己败在情场上，更不会容忍自己所爱的人被别人得到。越没有安全感的男人，嫉妒的火焰越旺。

7. 男人是动物，如果可能，他们绝不甘心一生中只与一个女人发生关系。在男人心目中，性与爱是截然不同的两件事。女人总是因为爱而与某个男人发生性关系；而男人则往往能出于欲望而与任何女人发生性关系。

8. 男人不能忍受或者根本听不进女人没完没了的唠叨。他们永远不会用心听懂女人在唠叨什么。

9. 男人重行动而不重言辞。男人可能永远学不会在女人耳边说出爱的宣言，他们情愿把爱体现在行动上。

10. 男人是自尊心极其强烈的动物。要想进入他的世界，先去满足他的自尊心。

对于这样的调查和总结，以因地制宜，因人而异做为参考。不过，当真的遇到一个心仪的对象时，所有的问题都不再是问题，所有的阻力亦不再是阻力，爱可以成全一切，不管得到还是失去，努力过的梦想，不会褪色。

LIFE CASE

爱，哪有高低贵贱

小米的困惑由来已久，她对女人的成功总是抱有偏见。

她不明白，女人成功的归宿是在男人还是在事业？如果专注于男人，对待事业的兴趣必然显得漫不经心，那么一个没有事业的女人，如何能获取男人的芳心，男人会爱一个没有进取心的女人吗？尤其是一个普普通通的姑娘，没有大的背景，没有高深资历，更不具备魅惑男人的形象。这样一来，事业显得格外重要。

她就亲眼见证了两个闺蜜不同的下场。其中一位闺蜜，在一家私企打工，不稳定，薪水微薄，没有五险一金的待遇，工作随时有被炒的危险。就算老了，也没希望拿到退休工资。她和谈了很久的男友，最终被对方的父母离间，男友娶了人事局副局长的女儿。闺蜜在那一场感情里投入了太多，经不起这样的背叛，神经失常。

另外一个，则是不相信男人，不相信感情，专心投入到事业上的女强人，她从一家小店，做到全国连锁，实现了草鸡变凤凰的蜕变。因为条件太好，男人们虽然摩拳擦掌，却不敢主动靠近。到此为止，她依旧形单影只，孤独一人。

这让小米失去了方向，她既想要鱼，也想要熊掌。

小米是保险公司的业务员，平时公司的大会小会，她都准时参加。至于收获，她的业绩一直平平，因为人际关系有限，这让她觉得，在工作上她未必有多大的成就。但是，她又离不开这个行业，她不知道，还能有哪个行业能接受她那样有点懒散的人。小米谈过一些朋友，她和他们之间，总是莫名其妙地中断联系。有那么几次，小米是当了真的。当了真的小米，并不会死缠烂打某个男人，断了自然就断了，她要脸，要面，要自尊。

公司的月总大会，由于她的三心二意，让他们组的业绩排到了倒数。而她是组里的垫底。娘娘腔主任一脸愁云惨雾地警告她，如果继续下去，她将被公司除名。她就再也不用来公司里坐班。

小米这才把心思转移到工作上去。

娘娘腔主任是个单身大龄剩男，他对谁都是一副兰花指，柔声细语。偏对小米，就横眉冷对。整天批评小米的服装不是太休闲，就是太没品味。要么对她的业绩搞批判。小米不敢明目张胆地顶撞他，就在背地里给他起外号，说他的新闻八卦。比如他有一天开会没拉裤子上的拉链。还有他的水杯里掉进了苍蝇，他竟然没有发觉，一口气喝掉了那杯水。他总是没有女友，有人怀疑他是GAY。她每一次的捕风捉影，都会被他逮个正着。

小米跟同事说，他们肯定是上辈子的冤家。

娘娘腔不管是不是冤家，为了摘掉落后分子的帽子，便主动带着小米去跑保险。他的好友是汽贸公司的老总，于是她被安排在汽贸暂时推销车险。

小米的车险推销得十分顺畅，和老总的关系相处得也很融洽。老总其实并不老，年纪在三十几岁，长得相貌堂堂。重点都不在这里，而是他未婚。他对小米的好，小米说不上来。感觉上，他像家人一样在照顾她。她不需要太费心，他就会安排好员工把保单给她做。方便的时候，他还会介绍一些客户给她认识，让他们在她那里上一些经济险种。他经常会请她吃饭，有一次，他的妈妈来看望他，他把小米拉过去，郑重其事地向老人家介绍了一番。

老人看小米仿佛在看儿媳妇，上下打量之后，提腮微笑。

小米的心顿生了无限的力量。自此，她很卖力地推销汽车，推销保险。她把汽贸公司当成未来自己的家，她那样的努力，就是想证明给他看，她是多么能干的女孩！

娘娘腔终于在会上表扬了她。那个月，小米成为组里的销售冠军。

她把这个消息告诉给汽贸的老总。他拍了拍她的肩膀说：“你肯定行的。”

然后小米对他说，要请他吃饭，一定要让他赏脸给她。

她深情地望了他一眼，她要在那个饭局上，告诉他，她有多么地喜欢他。

请客的那一天，小米接到了娘娘腔的电话，他在电话里很郑重地问小米，是不是有了喜欢的人？

小米说了一句神经病！就挂了电话。她飞奔到预约好的饭店，却发现娘娘腔和汽贸的老总并排坐在一起。

“你怎么来了？”小米问他。

“你要是不欢迎我，我就走。”娘娘腔伤感地说。

“那你先走吧！我有事要和人家说。”

娘娘腔刚要起身，就被汽贸老总一把拉住。他叫了一声“哥哥”，小米愣住了。还没清楚怎么回事，又进来一个女孩，女孩身材高挑，肌肤胜雪。

他给小米介绍着，那是他的女朋友。

小米的眼泪差点当场挤了出来。她忍着吞进肚子里，伸出手热情地和她招呼。娘娘腔和女孩自然熟络。女孩也叫他大哥。原来，娘娘腔是小米暗恋情人的哥哥，他牺牲了他的业绩，只为了让小米强大起来。恍然大悟的小米觉得自己真是没用。

她在失落中找到了自己的归属。一个女人，她的爱情和事业都是建立在追求的基础上。没有追求的女人，无论在爱情还是事业上，永远处于弱势。

同时，她收到了娘娘腔向她的表白。他暗恋她，不是三天五天的时间了。

小米指着他的兰花指说，只要他能改掉这个毛病，她是可以考虑的。

第二天，他就收起了兰花指，正式做起了她的男朋友。

有些男人是可以“泡”到的，有些男人是自己跑来的。不管是哪一种，只要他对你真心实意，那都是值得欢喜的事情。

综述

男人是女人永远待处理的棘手问题，爱上一个男人，然后，得到他。“女汉子”需要爱情柔化内心。得到一个男人的过程，远比结局来得动荡。爱他，就按照“女汉子”的模式来对待他，然后告诉自己，不管什么样的结局，都已无憾。

第四章 取悦男人，不如取悦自己

当“女汉子”遇上形形色色的男人时，两性关系是永远撇不清的话题。男人是网,“女汉子”是鱼，一种平衡，一种制约。生活教会“女汉子”比男人活得更精细。男人给了“女汉子”爱情和经历，是伤害还是幸福？一旦碰触感情,“女汉子”也会迷失。你遇上什么人，什么人遇上你？是优雅地转身，还是卑微地纠缠？“女汉子”的爱覆水难收。因为伤害，女孩子变身成“女汉子”。百种经历，百种滋味，源于我们当初的不成熟。

PART ONE

遇到的，都是对的人

几年前，姐妹淘向我抱怨，她离婚了，男方抢走了孩子，也不给她抚养费。

当初的房子是男方家准备的，房子里的一切家电，包括装修，都是她的嫁妆。男人先出轨，当她发现，已无回转的余地了。

走的时候，她失去一切。她为那个家，放弃了事业。曾是那么地义无反顾，她把希望都寄托在婚姻上。男方长相俊朗，家境优渥，是她理想的男人。

可惜，孩子出生后，这成为他们感情的分水岭，因为孩子的问题，两家闹得不可开交，根本没有挽回的余地。婚姻破裂，她一度痛苦不堪，说真的，她不想离婚。

我劝她，结束的，就是结束了。她不甘心，更不能接受婚姻的失败。她寄住在娘家，受尽白眼儿，尤其是过年，第一个新年，她是在宾馆过的。父母对嫁出去又回来的她，感到不满。性高气傲的她，对这样的日子再也不能容忍，于是，她打算和前夫鱼死网破。她搬到前夫的房子，闹到鸡飞狗跳，也闹得自己遍体鳞伤。

最后，在财产上一无所获的同时，自己很狼狈。当时，她的孩子已经懂事，很突兀的一次，孩子看到她蓬头垢面耍无赖的场景，顿时吓哭了，哭喊不要这样的妈妈。

原来，孩子虽然知道父母离婚，但是并不理解离婚的真正涵义，孩子一直很崇尚母亲，觉得母亲是他见过最美的妈妈。孩子因此受到惊吓，大病一场。孩子的父亲和奶奶衣不解带照顾孩子。

事后，孩子对妈妈的态度明显改变。再见到母亲时，亦是满眼的惊惧之色。

生命里总有一个人是你的软肋和牵挂，为这个人改变，一切都是值得的。

孩子妈妈拷问自己，是不是做错了？她想了很多，想到自己和前夫相爱过的片段，想到他们也曾有过幸福时光。只是，这么多年过去了，初衷早已被彼此遗忘。不仅遗忘，还生了恨，闹到两人敌对，自己颜面扫地。

这样的经历，别人会铭记一生，自己更难释怀。不如，彼此放一条生路，见面亦是孩子的父母。

我劝她，收拾别人的残局，不如收拾自己的残局，既然遇到他是既定的事实，两人的离散，实属无奈。

女方要浪漫温情，男方要踏实本分。

只不过，婚姻比爱情更需要和谐的包容。

遇见这个人，在对的时间，对的地点，那么，他就是对的那个人。

至少，从这段婚姻走出来后，会重新上路，会告诉自己，下一次什么样的人才是合适你的人。给予我们伤害的人，往往是促成我们成熟的要素。他来，就让他来，他走，就让他走。因为这个世界，无一人是我们能把握住的。

后来，她反省自己，觉得自己是个不称职的母亲，不称职的妻子。

在她的婚姻中，她挑剔，任性和固执，常常冷暴力对待丈夫，自己不洗衣服，不会做饭，家里家外全依靠对方。男人也是人，男人也会累。

所以，他才会出轨。她以为，所有人都会包容她，都会不离不弃。

没有人会负担另外一个人的人生，包括你最爱的人。

她终于开始独立生活，搬离娘家，找到工作，为了成为孩子的榜样，努力工作。她的前夫成为督促她上进的力量。

数日前，我再见到她，她华丽明艳，仿若春风，活得有声有色。

她说，这一切都是拜她失败的婚姻所赐。

没有不对的人，只有不对的时间。

我替她感到庆幸。

在我的职业生涯中，曾出现过这样一个上司，年轻，英俊，会耍手腕，懂得钻营，会踩着别人的尸骨往上爬，非常聪明。

像这样的聪明人，倘若少了宽厚，会特别狠毒。

一上任，他先借助别人之手，踢掉了一些老员工，又挑拨员工之间的关系，引起争斗。不出所料，他把老员工清扫一干二净，全部换上了他的党羽。我是其中之一。

当时，我对这个人的作法极度鄙视。

如今，我感谢他替我做了这样一个决断。如果不是他，我不会开始全职写作生涯，更不会出版我人生中的第一本小说。

这么多年过去了，我从心底感激他的刻薄，从而体会到，福祸相依的道理。我们的人生，很多都是别人替我们做的决定。

有位朋友，受制于亲人，寄住在兄弟家，家人看她不顺眼，吵了一架之后，她一赌气买了一栋房子。买完之后，房价大涨。

她感叹，如果不是那场大吵，她不会有勇气倾囊买房。

有人弄巧成拙，有人恰恰相反。

不要随便轻易地去怨恨一个人。他的出现，会带给你一个不一样的体验。

被人伤害，能忍下那种伤害，也是一种福气。

这种福气会助长“女汉子”人生的气焰，会让我们得到更多。

被人伤害会出现暂时性的疼痛，这种痛楚转化成慈心，教我们珍惜和怜悯，不去冒然伤害他人。偶然看到印度禅语，没有任何一片雪花，会因为意外落入错的地方。没有人会偶然进入我们的生命。

每个在我们周围，和我们有互动的人，都代表一些事。也许要教会我们什么，也许要协助我们改善眼前的一个情况。

如果你嚣张，会有一个人用某种方式来教会你，低调和柔和最安稳。

人总是要接受足够的教训，才会慢慢成型，成为你能接受的最好的自己。

我想，这种感觉，许多“女汉子”大概都有过吧!

用素黑的一句话结束：没有命中注定的不幸，只有死不放手的执著。这让人卑微，让人痛苦。

PART TWO

当你失去自己的本色

一千种人，有一千种生活，有一千种个性，一千种喜好。过犹不及，修正太过，会失去自我。我把这种修正，称为迷失。

我和菟丝子小姐结识之初，很欣赏她，她单身，有才华，在一家杂志做编辑，是独立女性。她很迷人，不仅性情温和与包容，且不会轻易中伤他人。

我现在依稀记得，她朴素又善良，微笑甜美。彼时的她，有自己的风格。

这样的女孩，理所当然追求者甚多。

可惜，她迷恋爱情，迷恋英俊的面孔。

如我前面所说，她迫于父母的压力，和一长相英俊的男人草率结婚。男人很霸道，主观性很强，对她呼来喝去，即使这样，她也愿意留在他身边，她觉得那是她的爱情，她深度迷恋这种强势的男人。

渐渐地，在这种氛围下，他丧失了自我。

她为能拥有男人的心，放弃事业，从一个独立的白领沦落为家庭主妇。男人要面子，她便打扮得光鲜亮丽，男人喜欢优雅的女人，她便学古筝，弹钢琴，跳舞。

当男人对一切都腻了的时候，她已想不出还能用什么取悦他。

这时的男人，需要的是一个能顾家的女人，而不是一个只懂得吃喝享乐的情人。

我理解男人的心态，如果一味地逢迎和讨好，不能为对方实质付出，并保持个体的独立性。在两性关系中，这应该是大忌。

他当初爱的人，是当初的你。是那个独立又善良的朴素姑娘，没有多少人愿意供养一个人肆无忌惮地挥霍，尤其是走入婚姻，男人需要分享和分担。苦的时候，一起煎熬，甜的时候，一起分享。不需要为了他，把自己变成另外一个人。

最初的，就是最好的。

他爱上你，原本是那样的一个你。

只是，那样的你不复存在之后，爱逐渐消亡。可怜的菟丝子小姐变成了一个虚荣、刻薄、自私又奢华的女人。每天，研究的就是如何保养自己的脸蛋，如何让男人坠入情网。她不再是那个单纯的女孩，她开始挑衅别人的底线，恶狠狠地揭开别人的伤疤，好像只有这样，才能让自己难过的日子好过一点。

她因一个男人，一场婚姻，变得面目全非。

虽然我不是男人，可做为欣赏她的同性友人，我却怀念和她初相逢的时间。

为一个不值得的人做改变，是轻贱。

失了初心，如同丢掉自我。

即便爱上的男人如何优秀，女人也要做好自己。

男人最害怕两种女人，一种是太依赖。一种是太投入。你依赖他，你成为菟丝子，要吸干他的命，他自然会逃。你太投入，为他赴汤蹈火，水里来火里去，恩重情深。他同样受不了。

久付大恩反成仇。

不管是现实中还是影视剧中，很多姑娘为男主角呕心沥血助其成功，反之，换来负心汉。你给的，他毕生都还不了，和你在一起，脑海中想到的首先是他欠了你很多情很多债，这样的感情不对等，到头来，同样是一声叹息。

最后，你痛心疾首，成为怨妇，认为你为他付出和改变良多，他却这样轻薄。其实，你真的忘了，当初的那个自己是如何可爱。

林夕在给张国荣写的一首歌中，有这样一句歌词：“我就是我，是颜色不一样的烟火。天空开阔，要做最坚强的泡沫。”

当你失去自己的本色，就像属于你的颜色在消褪，最初的坚韧会随着妥协变得软弱，从一个人变成另外一个人，没有比这种事更可怕。

伴随着流淌而过的时间，自己愈加陌生。对此，我有很深的体会。身边的人迎来送往，看多了悲欢离合。庆幸自己还是那个自己，坚强的，独立的，有胆量的“汉子”。虽然脾气依旧很坏，虽然还是很爱哭鼻子。

我一直很喜欢宫崎骏的动画，感触最深的，是苏菲替卡尔西法把哈尔的童心还给哈尔。哈尔醒来，觉得身体沉重。苏菲说，心是沉重的。心是根，你遗失过自己，你找回了自己。

现实和童话虽然有差距，可本质是相通的。“女汉子”应该有“女汉子”的本色。是战士的，不应该放下武器。是舞者的，不该脱下红舞鞋。

不是所有人都配得起“女汉子”的称谓，我们应该为这一称号感到欣慰。

即便是过了十年、二十年，时光荏苒，“女汉子”回想起自己经历的每一段时光，都会无愧于心。

PART THREE

自欺欺人，让自己很卑微

小女人生性浪漫，很容易活在自己制造的幻境里，总会幻想，他一定还是爱着我的。他的敷衍和他的行为是两码事……我一定会出人头地，变身女王！到时候，要风得风，要雨得雨。

有个很准确的科学调查，据说，每个人都会说谎。诚实的人不过是说谎的次数较少而已。可是，一般人都痛恨被欺骗，谎言就是一面镜子，能照得到别人，却照不到自己。

人是活在谎言之中的，有时候，是活在自我欺骗之中。

越是软弱的人，越难走出困局。

我把这种欺骗，叫做困局。我们明明知道没有结果，明明知道那些都是谎言，可是却离不开。我们很容易被某个人或者某个幻境拖住，陷入泥淖，越陷越深。

友谊、爱情、事业、婚姻这些东西都可以束缚住我们的目光，成为钳制我们的地狱。

“女汉子”的修炼之路，首先要趟过这些障目的迷雾。

在南方的时候，接触过一位三十八岁的大龄剩女，她是香港人，在父母的工厂里打理生意。香港人和大陆人有所不同，内地尤其是北方人，特别重视家庭关系。港人理念西化，近四十岁未婚女子在家庭中地位是卑微的。

她年轻时姿色出众，学业也很出色。她在码头勤工俭学，帮忙补贴家用。她有两个弟弟，父母的偏心是显而易见的。本来她在美国的姑妈已经帮她申请出国留学，手续事宜一切就绪，但她的父母告诉她，家里没有这笔钱。出国梦破碎，不久，她的父母在深圳购置豪宅。她才发现，原来没钱不过是最直接拒绝她的方式。她很伤心，大学没毕业就出来早早打工，她先后在银行写字楼做工，之后自己开店当老板，赔了很多钱。父母出资帮她摆平欠款，可又要她在自家工厂工作抵偿欠款。她既没有勇气逃离家庭，也没有勇气重新生活。她不断告诉自己，那是自己的父母，那是自家的工厂，看着弟弟们生活安逸，她觉得这样足够。

在工厂里，她忙得没日没夜，疲惫使得她暴饮暴食，身材臃肿如球。我认识她时，她已有二百磅，看着她一边喝可乐，一边吃汉堡的时候，我建议她减肥。她觉得，自己的状态还好。殊不知，糟糕透顶。

在恶劣的环境下，她习惯了自我安慰和自我催眠。

一切会好起来的，什么都会有的。偏偏迈不出关键的一步。

还有很多家庭不幸的女性，比如说暴力家庭。

男人动不动就动粗，动完粗再向女人认错。女人会不停地给自己暗示，他会变好的，他是因为冲动和在乎我才会这样对待我。或者用孩子来拴住自己的心，一切都是为了孩子。忍下去，人总是会老的。

相反，那样的忍耐和付出不会被人重视。真心最容易被践踏，真心找不到出口，自己便会痛苦。靠麻醉自我，终有一天麻醉不再起作用。

坚持自我清醒，这样才会有是非观念，才知道什么是该走的路，什么是不该走的路。一件事到来时，有它自己的规律。一个人是否值得让人迷醉，要看他能不能让你幸福。将就，不是一件破了洞的衣服，不是一双有点旧了的鞋子。活在幻境里自我欺骗，自己会变得和羽毛一样轻。不过，谁都会经历这种时期。

我曾以为，我在某位朋友的心目中很重要，和她交往数年后，认为彼此惺惺相惜。后来，发现她不仅中伤我，甚至连结婚生子都遮掩得很好。我不过是她眼中的熟人，甚至是个敌人。而她，却是我心中两肋插刀的密友。她和我撕破脸，直言不讳地告诉我，她是如何看待我。我自嘲，一江春水向东流，两者之间的差距之大，啼笑皆非。

一个傻瓜总是用各种理由维系自己的自尊，不愿说破，也不愿捅破，以为包容可以化解所有问题，拼命取悦别人，忽略自我感受，用碎了一地的尊严去维护表面的平和，非要把自己憋出内伤，搞到自己成为跳梁小丑。难道仅仅是因为很多种情感都是脆弱的？我们都不想失去，可都在失去。失去一个人，失去一个稳定的环境，就那么令我们恐惧和不舍？

依赖是一种病，能治好的病，只需要快刀一斩。

没有谁离不开谁，没有谁是超度我们的圣人。

我和她成为陌路。

女人之间的友谊是脆弱的。

女人和男人之间的感情同样不牢固。用自我牺牲的方式去成全“假象”，是女人最傻最软弱的表现。如果换做“女汉子”，丁是丁，卯是卯。非常现实的处理方式，彰显一个聪明女人的睿智和远见卓识。

不爱了，就是不爱了。

该再见的时候，爽快挥手告别，人生也能活出豪气冲天。

其实小女人最容易局限于自己的小世界里，自以为是，自作多情。或许小女人会有一天成为“女汉子”，那时她应该明白自己不快乐和不幸福的来源。软弱是笨拙的，自欺欺人是卑微的。女人不强大，就没有容身之地。

卑微地生活着，像尘埃一样，落地都不会开花，男人并非万能，他不会在乎和珍惜这种女人。同性友人亦然。

这世界分明都是在择优录取。

女人，一定要学聪明，变强大，否则，一生受困。

亦舒说，最聪明与最笨的女人之间的区别在于，聪明在什么都知道，笨在什么都要说出来。

我不做评论，毕竟生活与教育的环境不同。而我认为聪明与笨女人的区别在于，聪明的都要说出来，让对方知道你不笨。笨的则遮遮掩掩，被人当傻瓜。

放不下，戒不掉吗?

总有机缘让幻境破灭，让谎言不能再继续维系，抵抗下去不过是缓兵之计，有些事是当断不断，反受其乱。

所以，当一个男人向你提出分手，当一个闺蜜和你断交，别死死纠缠，那会降低了自己的身价，却仍改变不了任何事情。明知无法改变，不如随着对方的心意去发展。

我心目中的“女汉子”，是敢闯敢说敢做的女人，心中无奸，光明磊落，且又晶莹剔透。

人活一世，草木一秋。时间短之又短，想做的事又那么多，把时间浪费在毫无乐趣的纠缠上，不如做自己真正想要做的事情。为不值得的人做不值得的事，没必要把自己搞得卑微又复杂!

PART FOUR

爱人，是那个教会你去爱的人

爱是一场苦行。

“女汉子”样样能干，事事出头，偏偏有时候，却一个“爱”字难懂。

有位姑娘漂泊多年，不怕苦不怕累，可在感情面前成为弱势群体，并不是没有爱过某个人，也曾爱过，也曾以为那是轰轰烈烈，铁马冰河。那个人在心底沉寂了很多很多年，五年，十年，或许会更久。

她嘲笑自己，估计再也找不到像她这样蠢的女人了。

偶尔，她会入梦，会勾起她对青春的眷恋。

事隔多年，两人再无音信和往来。过去早已坠入时间的悬崖。

自那以后，内心会隐约地不安，总害怕来的人会离开，不敢再轻易言爱。或许，是他给她的感情太强烈，她透露过两人在一起的细节。恋爱时，他背着她过马路，背着她爬楼梯，天冷他给她盖被子，指甲长了，给她剪指甲。她生病，他左右不离。他有一张英俊的脸，还有一颗温暖她的心。

她第一次体验到爱情也可以如此！

她很依赖他，很信任他。她从没想过，他会离开她。故事的结局，她一直隐瞒着众人。她怀了孩子，然后他失踪。

她疯狂地找他，用两年的时间找到那个男人，男人早有了妻子和孩子。她为真相感到心寒，从此惧怕这个世界和男人。

爱人是她耿耿于怀的骨鲠。

她排斥一切手段寻欢的男人，渐渐地忘记了该如何去爱这个世界上的男人。她由此变成一位清教徒，虔诚等待说不准的未来。

虽然各人有各人的活法，但是，我希望每一个人都能遵从自己的意愿生活，如果是畏惧，那大可不必。如果因爱变得苦大仇深，更是不值得。

过去的爱人是枚硬币，有正反两面。他给过你激荡的情怀，给过你无尽的遐想和等待。那样的爱情是被他点燃的，不管你是享受者还是付出者。在爱情里你都获取到喜悦的能量。即便那时的眼泪都是带着美丽色彩的。爱过的人，是给过你爱的人，他是你人生的老师，扶着你蹒跚走步。

不可能每一朵花都会变成果实，不可能每一段爱情都会有结果。

而所有这些会丰富灵魂，就算他是个渣子，也教会我们如何更爱自己。

我常看到在黎明的街道和暮色的地铁站，在火车车厢和路灯下，年轻男女挽着手，或紧紧相拥，或甜蜜亲吻。其热烈程度完全肆无忌惮。

那样的相爱成为一道风景，人们开始见怪不怪。年纪稍长一些的人，都了解这样的炙热并不能维系多久。

两个被相互吸引的人走到一起，从柴米油盐开始，相爱便成一道奢侈的午后茶点。

有的被抛弃，有的成为弃之可惜的鸡肋。

人在慢慢成长，也慢慢变得挑剔和浮躁。

不知道他们有多少人可以一直走到最后。但是我相信，他们彼此都会记住某个瞬间，他们曾经相爱过，或在某个街道，活在某个地铁站。他们不顾众人的目光紧紧相拥。这便是爱，这便是曾爱过的人，也许是一直爱着的人。

在我眼中，“爱人”一词，是夺目的珠宝。

从女人的角度去解析，是相爱的那个人。你爱他，他也视你为珍宝，他们多多少少都给予过彼此感动。我更希望，每个“女汉子”都能记住生命中的那些感动，心中聚集的温暖愈多，光芒愈厚重。人生体验便会如顺风船，大多能波澜不惊。

说起来容易做起来难。

越来越多的“女汉子”加入了“单身俱乐部”，剩女越来越多，这些“女汉子”的心中依旧保留着一块空白，留给某个人，等待某个人。

几乎无一例外，剩下的姑娘都很出类拔萃。朋友的姐姐是剩女，金钱对她来说，不过是数字而已。别墅，高级进口轿车，她拥有超乎想像的财富。她选择爱人只有一个标准，对她好，懂得爱。男人们看到她却闻风丧胆。没有财富的支撑，普通男人在这样的女子面前感到怯场。而单纯贪图钱财的人，自然会被看穿。

找一个真正的爱人，是稀罕事。

她的问题更复杂。前男友是位生意人，两人临近结婚，男友出意外去世。爱人突然消失，她日益消沉。男友留给她丰厚的物质财富，她接替了男友的公司，在他的轨迹中活着。她想过要忘记他，也试图去爱另外一个人。

“粉红色大象”的效应使得所有努力白费。

于是，她习惯了孤独，失去了爱的能力。我替她感到遗憾。她枉费了男友给予她的爱，使得自己形影相吊。爱，也需要慢慢温习，才不会辜负那个教会你如何爱的人。

PART FIVE

宠他，不如宠自己

不要太宠一个人，这会让他腐败变质。

男人就像新鲜的鸡蛋，如果每天捧在手心，温度过高的话，时间一到，他自然会坏掉。爱是均衡的，却不对等。

我认为，一个人能散发出来的爱总有限额，太爱太宠，会忽略掉自己。

二十来岁的姑娘，对自己爱的男人掏心掏肺，恨不得把自己剥开来奉献给他，省吃俭用给他买衣服，买鞋子，连内裤都是她精心挑选的。

男人受之安然，对你的好理所当然地全然接纳。

有良心的男人会变得软弱，没良心的男人会变成豺狼，豺狼会用铁石心肠粉碎你对美好的憧憬。

我在旅行期间，在火车上认识了一位姑娘，是标准“女汉子”，朴素且耿直，是位中学老师。

她和新婚不久的丈夫旅行。丈夫像个没断奶的孩子，一切依赖她。她去给他打水，帮他买饭，帮他整理行李，帮他剥桔子，甚至帮他擦嘴……

我瞬间被秒杀。

男人一副享受且不耐烦的模样，做慢了，做得不够细致，他会埋怨她。他们是大学的同学，相爱五年，女方大包大揽掌控主动，两人的感情几度危机，甚至在婚前，男方提出分手。女孩和我说，要不是身边有位智囊，她和他肯定就结束了。她受不了没有他的日子，他是她的世界。女教师谈到的智囊是位聪颖的闺蜜。当男人提出分手时，闺蜜奉劝她冷处理。把给男人花的钱花到自己的身上，教她装扮自己，呵护自己。

那段时间很奏效，她变得美丽和自信，男人又回头来找她，她顺水推舟和他复合。

她为了他买房，四处奔走借债。她给他买昂贵的衣服，自己却穿着几年前的旧衣服。闺蜜劝她抛弃这样的男人。她说她和他在一起一生无悔。

像她这样的“抹布女”，她似乎生来就是为了爱他而存在的。她可以忽略掉父母以及兄弟姐妹，只为了这样一个男人活着。女教师的妹妹和她判若两人，妹妹不仅拥有一个爱她的男人，且生活品位较高，活得精致细腻。用高档化妆品，穿得体衣服，她显得更爱自己一些。这种适当的修饰和良好的生活惯性，使得她幸福和安乐。

女教师的口述中带着对妹妹的羡慕，偶尔透露出来的抱怨，暗示着她未来的不可确定性。虽然她已做好准备。这是一个懂爱却不珍视自己的“女汉子”。

其实，在我们的周围有很多这样的姑娘，默默为身边人付出。

她们是家庭的保护伞，为身边人遮风挡雨，把最好的东西永远留给别人。等到自己的男人羽翼丰满，他们会容忍不了自己的女人穿戴随便的样子。这也是不少人到中年，爆发起来的男性抛妻弃子的缘由。他们用一种很理直气壮的理由叱责前妻，带着她实在没面子，都说糟糠之妻不下堂，可糟糠到底是糟糠。

“女汉子”应该多爱自己一些。比如说，自己生病的时候，就别勉强自己非要一个人扛。你要让男人承担起男人的责任，你疲倦的时候，让他去冲锋陷阵。话说回来，爱自己也不能太过火。非要去整容，非要透支信用卡去买奢侈品，或者变着法儿折腾男人。

宠幸男人和宠幸自己是两个概念，是两种气场。

太宠别人，气场会形成一种怪圈。不少特别善良特别好的姑娘，身边聚集着不少男渣。有个姑娘和我哭诉，她每一次都遇到人渣，我说，是她太好了，第一，对男人太好了，第二也太好骗了。因为对男人太好，所以太容易被男人的谎言所欺骗。

你付出真心的时候，往往会失望。你的要求低，男人就会觉得，你什么都不需要。那姑娘和一个男人同居五年，赚来的钱大多贴补家用。男人赚的钱则交给自己的母亲。两人过得紧紧巴巴，姑娘有时会心烦气躁，让男人把钱拿出一部分。男人根本不觉得缺钱，认为只要压缩财政就行了。

姑娘忍气吞声，认为以后可能会改善。她压力很大，只好努力赚钱，赚的钱越多，男人越觉得她理所应当地贴补家用，交给她的生活费越来越少。甚至连房租的钱都要姑娘垫付。那姑娘几年的吃穿用都在自己的身上压缩。

于是，她的脸色晦暗，身材臃肿，变成一个彻底的欧巴桑，一改之前明丽动人的姿色。即便是这样的牺牲，也没换来男人的宠爱。男人动不动就挑剔，后来索性连饭都分开吃。

姑娘彻底心灰意冷，离开男人。男人只给了她一百块钱的车费，姑娘含泪离开。此生的付出成为耻辱。她把他宠成了一个十足的人渣。

那姑娘离开男人不久，听说他后悔当初那样对待她。她想了想，当初认识他的时候，他并非坏成这样，是她一味的让步、纵容、宠他，把他推到了人渣的圈子。迁就和宠爱是有限度的，她的爱也是有限度的。到达了这个限度，便是终点。

有时候，对一个太好，并非好事。

而且，不要把男人当成唯一的世界。你可以爱自己的父母，爱自己的兄弟姐妹，爱一切众生，最后的终点是爱自己。

我理解“女汉子”挥霍无度的爱，爱他人，有时是赢得满足感，有时是为自己赢得重视和宠爱。可男人终究是男人，不是亲人。他会离开，会背叛，会有始无终。

无论如何，宠爱是一架天平，你爱他太多，爱自己太少，爱会失衡。不如把宠爱集中，均匀分布给身边的每一个人，包括自己。

让自己成为温暖有爱的阳光女性，这样不仅能赢得更多的爱，还能牢牢把握住男人的心。

PART SIX

爱屋及乌，爱也可以很广袤

这个世界不会在乎你的自尊，它期望你能先有所成就，然后再去强调自己的良好感受。这是比尔·盖茨所说的。

一个成功男人对人生的认知，就是先成就自我，再为自己的事业寻找一个支点，然后去创立更好的生活。这种更好的生活可以是婚姻，也可以是更深层的东西。什么是更深层的东西？救赎和信仰！

我觉得是渡人渡己的心态。让别人好过，让自己好过。

我知道这个社会变革得太快，像爷爷奶奶父亲母亲那代人，虽然大多不是自由恋爱，可婚姻很巩固。当我们自由的时候，婚姻成为来去自由的形式，一张证书不能束缚住彼此，一个孩子也不能约束自己。单亲的孩子越来越多，当后妈的女人也越来越多。

新闻上总会出现后母联合父亲虐待孩子的事情，好像继母成为坏女人的代名词。

于是，道德的天平一边倒向孩子，认为全部都是女人的错。

我并非为“继母”开脱，只是想交待一些真相，大家通过这些真相可以看清人性的本质。

我身边有姑娘嫁给二婚男，婚前，姑娘是条“女汉子”，豪爽、真诚、讨厌虚与委蛇。二婚的对象有个八九岁的小男孩，小男孩面对年轻继母十分排斥，显得很不听话。轻则会撕毁她的衣服，或者又哭又闹。重则会在她喝的饮料中加入酒精或者药品。小男孩的爸爸很袒护孩子，认为孩子是胡闹。虽然他觉得对不起妻子，可看到妻子教训孩子，他仍放不下。

男孩在受到教训后，看到父亲的立场，他会有恃无恐，同时也会向爷爷奶奶母亲等人告状。在这种混乱的情况下，两人婚姻持续了三年之后终结。分手时，男人问她要什么补偿？她什么都没要。

离婚后，她的心理受到严重的创伤，不仅定期去做心理治疗，还对感情望而却步。每次给她介绍对象，她一听到对方是离异有孩子的男人，总是摆手拒绝。

谁都想要一个好的结果。可惜，盲目和冲动会产生意想不到更糟糕的“蝴蝶效应”。

爱上一个离异带孩的二婚男人，首先要面对现实。女人一旦加入这种家庭，必将要付出加倍的辛苦和包容。没有做好准备，以为可以单纯地应对所有矛盾，有这种天真的想法，说明还不成熟。爱，是爱屋及乌的付出，没有任何商量的余地。“继母”既然嫁给二婚男人，就要接受他身边的人，以及性格中的缺陷。这样的包容意味着你可能要吃亏，孩子的顽劣，男人的偏袒，公婆的挑剔，摆平这些没那么容易。

当然，世事无绝对，看你怎么去经营自己的生活了。

“柴米油盐”是平凡，脱离“柴米油盐”才见高尚。高尚不是一个讨喜的词，土气又憋屈。但是它真实地反应了一个人的个人修养以及追求。

男人不再是女人的唯一。

女人们开始把目光注视到男人以外的领域，以求实现自我价值。用最无私的爱，来博取存在感。高尚也好，广袤的爱也好，无须以大小衡量，不需要你为了某人做出多大的牺牲，有时候仅仅是举手之劳。

前几天坐公交车，遇到两个求职失败的外地民工，两人扛着大包小包，司机要求其为行李买票，男人手里没有准备零钱，有个姑娘站起来替他们把车票缴了。他们的脸上写着感激，我认为，这就是渡人渡己。他们会为这个姑娘的善举而铭记住一座城市，姑娘则会为自己所做的一切，求得心安。

善良和包容是“女汉子”的标识。

强悍的生存能力，为其锦上添花，获取更多自由的选择。

因为你爱这个世界，这个世界才会反馈给你爱这个世界的能量。

“女汉子”的爱愈宽广，愈加能体现这种爱的生命力。社会需要“女汉子”的崛起，女人在当今社会也都拥有了自己独立的工作和生活。

小情小爱太过牵绊，且容易受挫。大爱靠对大千世界本身的热爱。

热爱和善待每一寸土地，包括每一寸土地生长的生命。

于是，出现了很多“女汉子”热衷慈善的场景。养狗的姑娘，常去救助流浪的宠物。在某大城市曾发生的“四一五救狗行动”中，便有好几位是熟人。她们走在救助的前线，积极为无家可归和遭受虐待的小狗们奔走。有子女的“女汉子”，则资助山区的贫困儿童，为孩子送去温暖和关怀。网络上会经常有一些慈善活动，像捐助字典，捐助服装和鞋子等等活动。当女人的目光不再专注男人时，爱是泛滥的，是闪耀着人性光辉的。

做这样的一个懂得爱自己爱他人的女人，感性之余又富有理性，这样的女性，最具魅力。爱屋及乌，做一个力所能及充满了善意的“女汉子”。这样的善意不仅支撑着他人的未来，还支撑着自己的未来。

“女汉子”可以对自己好，可以对他人好，可以包容自己，也可以包容他人。

生活纷乱复杂落寞，大家各自都在找踏实的生活出路。

心中有了这种爱，“女汉子”能够拨云见日，乌云也会镶上金边。

LIFE CASE

任何一个女人的爱都不是廉价的

她一直很爱他，从身体到灵魂。这份爱太过浓郁，于是，就有了惨烈的味道。她把所有的青春和爱情毫不保留地全部给了那个人。她在等待的煎熬中，红颜逐渐枯萎。

她和他的相识，是在一个喧嚣的夜里。隔着许多晃动的人影，她一眼就捕捉了到了他的存在。那时候，她多年轻啊，年轻到与一个陌生男子一对视便已一见钟情。她记不清他是怎样朝着他走过来，说了怎样的话。只记得，他令她眩晕，她的眼睛在微笑，她的嘴角在上翘。

他挽着她的手，舞曲跳了一支又一支，她却并不觉得累。虽然第二天，浑身的骨头像散了架一样酸疼，她的那些小喜悦依旧抑制不住地从心底里迸射出来。

是的，年轻的她，恋爱了。

那一年是 2001 年的四月五号，也正是那个男人的生日。从此，她的生命中多了一个刻骨铭心的纪念，他叫孙念。思念的念，念念不忘的念。孙念是一团火，只要靠近，她就会被点燃，她沦陷了，彻底沦陷，无法自拔。而他，对她的热情显然来之不拒。

这俨然是一个人的恋爱！

她褪掉矜持的外衣，用尽气力去争取他的青睐。每天，她骑着自行车从几公里外的住处，跑到他的家门口。路旁的垂杨柳已经吐出了绒绒的绿，乍暖还寒的春天，她穿着新买来的碎花裙子，瑟瑟地站在风里。放在车筐里用保温桶盛着的豆腐花，打开来，还冒着丝丝热气。她看着他狼吞虎咽，比什么时候都幸福。

身边的闺蜜开始奉劝她，这段感情不是有营养的感情，它会让她跌进万劫不复的深渊。他并没有像她爱他那样爱她。

感情不是一味付出就能收获同等的回报。关于这些，她心知肚明。可是怎么办呢？这种恋爱很痛苦，可是她想把这种痛苦继续下去。她是那种一旦爱了，就停不下来的人。爱情，是她一个人的事情，是她一个人心中的花开花谢。

2002 年的时候，她拉着他去看韩国的一部电影《恋爱小说》。她和他并排坐在电影院里，屏幕上的人物交替，光影摇曳地打在孙念的脸上，她痴痴地望着那些斑驳的影像。

电影中的三个人说着同样的一句话：恋爱好痛苦，我却想把这种痛苦继续下去。

听着这番话，咀嚼着其中的滋味，她从心中涌出的热泪冲出了眼眶。她用手覆住了他的手，是凉的，凉得让她一阵阵战栗。

她懂得，他却不懂得。

每一个女人，都有过一段犯贱的时光。

她把自己埋进了土里，用最痛苦的姿态爱着那个游移不定的男人。可是，她又是那样地懦弱，从来不肯轻易敞开心扉告诉他，她到底有多爱他。她不敢说，她害怕说了，他就不见了。

她小心翼翼地和他亲吻，谨慎地接受着他的爱抚。她为他做的一切，只要他清楚，她是爱着他的。为了他，她可以抛弃一切。

然而，沉迷迟早都会浮出水面。她就在他身边，他却一直看不见。他当她是备胎，是毛绒玩具，是最忠实的发泄者。

终于有一天，她鼓起勇气，向他提出了结婚的请求。

他一愣，尔后，嘲弄地笑了。

他说，他以为那是男女之间的特殊友情。没想到，她并非那样开放和豁达。他从没有把她摆放在爱情的位置，从来没有。

她怒了，这么久的等待和爱，不但没有融化，反而成了一具僵硬的死尸。她没有泼他一脸的豆浆，更没有挥手打他一巴掌。

她只是对自己恶狠狠地骂了一句：贱人！

因为，即使是伤害的那一刻，她还爱着他。

她想从此以后退出他的世界，她必须切断爱情的根须，让自己彻底从黯然神伤中拦腰斩断。她开始放纵自我，胡乱交友。她喝得酩酊大醉，在半睡半醒之间一边流泪一边叫着孙念的名字。她经常会在半夜惊醒，醒来的她，走很长的路，坐在他家的门口，默默地凝望着他的窗。她一点都不害怕，在漆黑的夜里，她觉得无比自由舒畅。有一次，他不在家，她躲在角落里等着他回来。凌晨三点钟，她忍无可忍，拿起一块石头，砸向了他的窗。“砰”地一声，玻璃碎了，她的心又跟着碎了一次。

她买了一罐水母，把它们摆放在最显眼的位置。寂寞的时候，她会盯着飘来飘去的水母半晌不语。很多人都觉得她废了，疯了。

她想，大抵爱情给人的就是这样的东西，看上去鲜血淋淋，却痛得“赏心悦目”。

大约半年后，她又遇到了他。

他问她，你去了哪里？

她回答，我去了上帝家做客。

说完，她抱着他不再撒手。即使是罪孽，她也决定让罪孽去见鬼，她爱上了这种缠绵的疼。

而孙念，他从来就是一个半推半就的男人。可是，越是这样的男人，越是有女人爱。两个人这一缠，就缠过了最好的年纪。

孙念结了两次婚，每一次的新娘都不是她。期间，她吞过安眠药，割过手腕，整宿整宿地失眠。最难过的一次，是她喝得大醉，跑到阳台上，睡了一个晚上。那天晚上淅淅沥沥地下着小雨。她蜷缩在单薄的木椅上，觉得好冷好冷。雨停的时候，她睁开眼睛，看到有星星挂在天际。

原来，她一直要的爱情不过是个臭屁。而她，却一直为了这个臭屁在折腾自己。谁和谁不是单行道？这样强迫自己去痛苦，不如释放到顺其自然。

她终于可以做到坦然面对他，问他，关于她的那些爱情。

他直言不讳地告诉她，他从来都没有爱过她。

她明白这个臭屁憋在身体那么多年，如今放了倒是自在。

孙念则开始发胖，开始庸俗地抠着鼻孔对她讲话。他好象有很多烦恼，但是那些烦恼始终和钱有关。他不断地伸手从她手里接过钱，且不具任何动容的表情。谁让她欠了他的，这一切的付出，对她来说，都是活该。时光是残酷的，爱情在残酷中变得丑陋。

那一年，他的妻子生了孩子，她看着那孩子流着口水的照片，终于彻底清醒，和过去做了告别。她第一次像甩鼻涕一样，甩掉了他。从此泾渭分明。

她需要让自己麻木，让自己逐渐在这种流淌的时光中找回健康的自我。他们断了联系，她慢慢有了属于自己的生活。有一天，她发现镜子里的自己，已经不再年轻，不再像个傻瓜一样爱着爱情。她想，无论道路多泥泞，庆幸自己还是走上了正途。是青苔，就会见光死。她永远长在他心里最黑暗的地方，即使这个世界的女人都老去，他也不会把她摆放在光亮的位置。

这就是男人，只会珍惜来之不易，不那么廉价的感情。在别人看起来再优质的爱，只要见不得光，也会在日久年深中发霉发酵，变成一文不值的青苔。而这样的辗转，对女人来说是挥霍，也是收获。挥霍的是青春，收获的是成熟。后来，她在一本书中看到这样一段话：我坚信，人应该有力量，揪着自己的头发把自己从泥地里拔起来。

她自嘲地笑了，竟然还有人和她一样过着那样笨拙的生活。她决定重新活过。

通常，上帝在关上一扇门的时候，会打开另外一扇门。她决定把这该死的感情掩埋在记忆里。就在她三十岁那年，她出版了自己的第一部自传式小说。没想到，市场的反应竟然很热烈，接二连三，她的小说成了时下年轻人最喜爱的读物。

她放着卡门那首歌，给他电话。

爱情不过是一种普通的玩意儿一点也不稀奇，男人不过是一件消遣的东西有什么了不起，什么叫情什么叫意，还不是大家自己骗自己，什么叫痴什么叫迷，简直是男的女的在做戏，是男人我都喜欢，不管穷富和高低，是男人我都抛弃，不怕你再有魔力。

她在电话的一头用高亢的声音感谢他，如果没有那么多苦涩和隐忍的错爱，就成就不了她的今天。

综述

任何一个女人的爱都不是廉价的。何况，“女汉子”也逃不出爱情的包围。在猛烈的爱情之下，容易让人冲昏头脑。因为有爱的存在，女人更要清醒。不是每一个男人都值得为他付出真心，也不是每个男人都是败类。唯爱不是堕落下去的理由。

第五章　不求力大，但求气场更彪悍

这个世界的一半被男人包围，女人的另外一个世界是男人。“女汉子”的世界除了男人，还有自己，应对自己已够复杂，应对男人亦不轻松。所以，“女汉子”修心也要修身。修心是在纷乱得以解脱。修身并非去扛煤气罐，去做体力活，去和男人比高下。而是对自我的塑造。你想成为什么样的人，你应该成为什么样的人？生活很彪悍，用彪悍去对抗彪悍，于心于身是锻造，是体验。有了这样的体验，才能够获得男人以及男人的欣赏。

PART ONE

体力活还是留给男人干吧

男人有多重要？很重要！他们是家庭中的一座山。

如果没有男人，这个世界不知道会变成什么样？不可否认，无论是体力还是社会交际，男人较女人都要技高一筹。“女汉子”能干能赚钱，但在很多事情上需要依赖男人，好像身边有一个可以保护自己的男性，会很安心，这无关爱情，即便是职场，男人和女人在某些领域，依旧要区分对待。

因为男人就是男人，女人就是女人，“女汉子”终究不是男人。

男人能做的，“女汉子”做不了。

如果不够富有，女人是要仰仗男人的协作才能活下去的。比如说，马桶堵了，灯泡坏了。这些有技术含量的活，或许还能凑合着做下来。

可像背桶装水，提着重物等工作，女人始终是短板。即便真的能做，还是建议把这些事情交给男人去做。

为什么？

因为女人需要爱惜自己。女人不爱惜自己，就没有人会在乎你。

一个家庭，如果男女颠倒，男人整天游手好闲，女人在家什么样的体力活都要做。久而久之，你的男人会把你当成真的男人。

大概是我小的时候，当时是在农村，农村的女人受的苦更多。不仅要养孩子，要做饭洗衣服，还要务农。春天的时候，会犁地种田，夏天的时候要伺候秧苗，秋天一到，是最忙碌的时候。冬天闲不住，要去林田找柴火。那种恶劣的生存环境使人心悸。有的女人特别能吃苦，把手磨出厚厚的老茧，年纪轻轻便皱纹丛生。男人倒游手好闲，且不断制造出桃色事件来。女人的一生交付出去，换来的是背叛和遭人嫌弃。结果变成你替他受苦，他替你享乐。

不管过去多少年，这种烙印造成一种抗拒意识。这个世界真的没人在乎我们，包括我们最爱的那个人。虽然总会劝说自己，不要把谁当成重中之重，爱和付出也要有度。否则，男人不再是男人，女人不再是女人。这会让男人认不清自己，不知道自己有几斤几两，以为自己是天下第一，独一无二的人。

所以，是男人的事，就该男人去做。

回到现实，男人会把女人所有的付出认为是理所当然的，你就该为他牺牲，你就该为他吃苦。

我对此深有感触，2011 年时，我带着我的狗狗从广州回到北京，行李特别多，狗狗装在铁质的笼子里，很重。从售票厅到进站口很远，我拖着行李，提着笼子和狗真是举步维艰。如果可以，我可能会蹲下来大哭。

这时，是需要一个男人的。还有另外一件事，是通过买房。从买房伊始到办理房本结束，经历不少波折，需要很多证明材料，很多繁琐的手续。

事实说明，男人在这些方面是有优势的。

当“女汉子”沉醉于一个人也挺好的时候，除非真的好，否则是需要一个男人来依靠的。虽然找不到男人实属无奈，再接再厉，一定会找到属于自己的另一半。

印象最深的一位姑娘，特别会操纵男人。

她把男人的事情和女人的事情分得很清楚。

比如说，接她购物或者送他回家是男人的事，陪朋友喝酒吃饭，背着老人跑医院，带孩子看病，买房子装修房子等等，那是男人事情，体力活更是男人的事。举例说，搬东西，她从来不干，一直属于现场指挥的状态。

她说，让男人干属于他的体力活，能体现男人的存在感，男人希望他被依靠，如果事事都不需要他，他会失落。

而作为女人，即使你是条叱咤风云的“女汉子”，也不需要包揽所有事宜。因为男人会得意于他修好了灯泡，干那些你干不了的事情。辛苦归辛苦，他们会像孩子一样炫耀，没有他们，再强的女人也不行。这就是体力活不需要女人干的理由。

身处婚内的“女汉子”不在少数，有特别成功的企业家，也有特别有名气的作家，她们在外风光，在婚姻中隶属家庭。

黄金投资起家的一位优秀女性，丈夫的事业远远不如她，可她无论去哪里，都和丈夫如影随形。丈夫会帮她做一些轻松的小事，她的目光中透着对丈夫的依赖。而她的丈夫很享受妻子的依赖。只有这样的家庭，才不会轻易粉碎。

如果此时此刻，你爱上某个人，或者你正爱着某个人，想要和他的关系更近一步，可以试着让他为你做一些事。你搬家，他会帮你整理屋子。

在互动中形成彼此之间的默契。“女汉子”在某些情形下，是可以偷懒的。而这种偷懒，是睿智。

PART TWO

用优雅的自信秒杀全场

若是十年前，我会认为，女人的外表比内涵重要。彼时的二十岁，不化妆的面孔也会洋溢光芒四射的魅力。青春的朝气含在脸颊和微笑里，像天使翅膀上的羽毛，随便挥一挥就能熠熠生辉。

美丽是生命赋予青春的恩赐。

“女汉子”和年龄没有多大关联，十岁可以是，二十岁可以是，三十岁可以是…五十岁可以是，甚至网络上出现“女汉子”奶奶。

“女汉子”的气魄是流动在骨子里的。

有美貌是运气，没有美貌有气场，没有气场有自信。自信是女人的胚芽，女人的优雅与从容不迫，是自信绽放出的花朵。自信需要时间的哺育，需要不断经营自己的人生经验来获取。自信，不是粗鄙盲目的，就像丑陋的藤蔓没人会欣赏。

一个姑娘如何有自信，如何做到优雅？这需要后天有人引导。哪怕是一句精简的话，有时候也如醍醐灌顶。

自己一边行走，一边吸收，是最好的修行。

单凭自己的摸索前行，可能会耗费很久的时间，而且不得要领。

我接触的不少姑娘，其中都有这样的问题，很容易自轻自贱，自己并不能真正评估自己的能量。

为什么会产生这样的心态？

和家庭有关，和自己的经历有关。

我们的父辈接受的教育与现在不能同日而语，自古男尊女卑的观念，对他们来说，多少会受到影响。他们总是在教我们如何付出且不计较回报，希望我们能活得像救世主一样，来拯救身边的人。

而他们那一代人的确也是这么做的，为儿女不顾一切地付出，他们活得辛苦。

尤其是我们的母亲，大部分的母亲为了家庭操持一生，在这种环境下长大的女孩子，心理上会受到一些影响。他们觉得，自己是为别人而活的。

当然，我们也的确都在为别人活着。

有统计表明，一个人赚的钱，百分之六十都是为亲人花费，而自己的需求实际上很低很低。这就造成了一个矛盾的漩涡。女孩子要肩负父辈的传承，同时要肩负生活的重压。女孩子只是普通人，即便再努力，也不能达到那一代最崇高的理想。

于是，退而求其次，我们成为“女汉子”，达到了他们的最低要求：自立自强。

有这种自信的姑娘，即使不漂亮，也透着优雅的气质。她们坚信自己的与众不同，这种气场，不断吸引为之付出的男人。你会发现，那些普通的姑娘身边，追随着一群无怨无悔的“崇拜者”。“崇拜者”们为了取悦她们，各显身手。有送贵重礼物的，有送满满爱心的。

另一种情况，对自己的才能和美貌不自知，以为自己处处不如人，随便遇到一个烂男，被忽悠得迷迷糊糊，以为自己便可以将就着过一生，却容易遭遇遇人不淑的状况。低估自己，正是缺乏自信的最明显的表现之一。高估自己，便会成为自恋自大狂。

我的闺蜜“菟丝子”小姐几乎集中了全世界女人的弱点，她在正常人眼中，不算是美女，不过是五官端正的姑娘。爱屋及乌，喜欢她的人会觉得她漂亮，不喜欢她的人，自然觉察不到她与其他普通姿色的女人有什么不同。

可她呢？后来变得很不同，自信爆棚。觉得自己比明星还要美，每天用美颜相机拍照，然后向别人求赞。为了证明自己的确貌若天仙，她和不同的男人交往。没离婚时，就已拍拖无数。幻想着和明星交往，自己有一天会成暴发户，有数亿资金挥霍。

那不是自信，那是“蛇精病”！

没有不努力就得到的人生！即便努力也有得不到的东西。培养自信的力量是对自我的肯定，是对未得到的提前免疫。而不是整天活在无端的幻想里。

我对人生的唏嘘，是从“菟丝子”小姐开始的。每个人都如湍急的河流，急匆匆往前赶，谁能记得自己前一秒是什么样子？有多辛苦，有多努力，有多挣扎？

所以，千万别活成“菟丝子”小姐的样子，女人走到她那一步是悲哀，把曾经的那个好端端的自己毁灭于无形，成为地道的投机者。

真正的自信，即便你衣着朴素，仍不卑不亢。

真正的优雅，即便你面孔平凡，仍举止得体。

这来自内心的淡定。古有“腹有诗书气自华”之说，当一些平凡的能量积累成不平凡的时候，气质自然而然地从体内渗透出来。这足以震慑你周围的群体。

“女汉子”宋萱是我结识已久的朋友，她是外企的白领，年少时家庭条件差起点低，自卑心很重，索性能力很强，遇到事情敢闯敢冲。在单位，做得最多的是她，不计较得失的也是她。可每次升职都没有她的份额。她很郁闷，敢怒不敢言。公司聚餐时，她听到同事在背后议论，说她个性中庸，说话都没有底气。宋萱意识到，自卑心是自信最大的敌人，亦是她前进的障碍。

她辞职，进入另外一家公司，一改犹犹豫豫，见人三分低的态度，很快，她升职加薪，在该公司发展顺利。

自信这东西，不仅约束着你事业的发展，影响着感情，还牵扯着周围人如何对待你的态度。

男人们之所以喜欢自信的女生，因为自信本身就是一种可以影响他人的力量，不自信是颓势，是下坡路。

凭“女汉子”的个性怎么可能愿意走下坡路？继续发扬高大上的风格，一路凯旋！

PART THREE

面对人渣，拿出你的霸气来

夜路走多了，碰到鬼的机率自然要高。

好姑娘有好名声没用，越是好姑娘，越难免会遇到人渣。

坏男人就像草，野火烧不尽，春风吹又生。我们常看一些收视率节节攀升的情感纪实栏目，女人们哭天抹泪地控诉自己遇到人渣，被骗财骗色，凄凉不堪。

失财者，尚有机会再赚回来。失色者，靠时间疗伤倒也能熬过去。最怕生了孩子，男人一走了之或者干脆就打定吃你一辈子的主意。

我的邻居有个小女儿，小女儿十九岁的时候，跟着一个男人远走他乡，邻居一家都是老实巴交的普通人，老实到窝囊。女孩在外飘荡两年后回来，回来时，带着嗷嗷待哺的孩子。据说男人早有家室，女孩子发现被骗时，已经为时已晚。一家人找到那渣男，要求他对女孩负责，渣男的妻子是个软弱的人，根本掌控不了渣男丈夫，只知道赔礼道歉和哭泣。渣男玩起失踪，最后不了了之。

邻居的女儿根本没有抚养能力，邻居被迫替女儿养着私生子，一家人在别人的指指点点中过日子，还要为孩子的户口费心托人。如果一个女孩子以年纪小不成熟为借口，错误地交付身体和感情，且不能承担错误带来的伤害，只会连累家人，一并陷入泥淖。

后来，邻居的女儿再次踏上旅程，离开父母和孩子。在整个事件中，她既没有做到防范，也不能担当，更没有给渣男一点教训，这样的纵恶，会让渣男得寸进尺，继续祸害无辜。

如果是“女汉子”，至少能做到“道高一尺，魔高一丈”，虽不能闹到人仰马翻，至少也要让渣男受到应有的惩罚。女人是手无寸铁,可法律会保护手无寸铁的受害者。无论到什么时候，法律和希望一样不会泯灭。

其实，人渣不仅限于男女之情的渣男，人渣潜伏于各行各业各个阶层。

我想起旅行期间的一件事，因需要换点零钱，便去某个车站的商店买了一瓶饮料，店主虎背熊腰，平头，一张丰满凶悍的脸。他故意把我递过去的五十元钱撕破一角，然后告诉我，要换一张。我连续掏出几张百元现钞，他都用同样的手段对付过去。

我记得很清楚，当时走过来一个女人，制止他说，够了！他的手法很快，基本上普通人很难识破，等我返回旅馆拿行李后发现，真币让他给调包。我一个人再次返回找他，开始他并不承认，甚至威胁我。见到我不怕他，且大喊大叫要找警察，他害怕了，把钱还给我。事后，由于那天行程太紧，我打电话通知了当地的工商局。

这件事已经过去八年，却历历在目，大抵是因为所谓的勇气吧！如果放过这些人渣，我会无法原谅自己的懦弱。至少，他在像我这样的人面前讨不到好处，再做此类事情时会有所顾忌。当然，这样的人很难回头是岸，唯有惩戒才直接而有效。

有人可能觉得，忍一忍便会风平浪静，没必要大动干戈，万一人渣发飙，后果不堪设想。这样想也没错，顶多委屈的是自己，只要自己能忍受，算不上什么大事。可问题是，我们并非是无亲无故的孤儿。我们有亲人，有父母兄弟有子女，他们需要保护。还是那句话，人活着不是单纯的，不是只为自己而活的。有时候，真的不可以退缩。

一位“女汉子”朋友的父母在外打工时，常被同事人渣欺负，不是去领导面前说坏话，便是栽赃给他们，栽赃的方式很恶劣，自己偷东西去卖，反咬是别人做的，这都不算什么，故意给朋友的父母屋内停电停水。

有一次朋友去探望父母，撞到那人正在老板面前给她的父母“穿小鞋”，朋友立刻“女汉子神”上身，到屋里拿起菜刀就跑出去，作势要砍那个人渣。人渣吓得脸色大变，躲进房间。朋友告诉老板，她的父母不会做任何伤天害理的事。

朋友的父母埋怨女儿，这样做会让他们丢了工作。

朋友说，明知道结果，也要这么做。否则，她会看不起自己。小时候，是父母保护她。她长大了，见自己的父母被人欺负成这样，轮到她来守护他们了。

而社会呈现的东西并不全是善意。你的容忍，你的礼让，你的柔弱，你的善良，会让恶劣的人钻空子，他们利用别人的善意伤天害理，为所欲为。

这是我们必须霸气起来的理由。我认为，这样的一个理由已然足够。不管面对男人还是面对整个社会气候，某种软弱就意味着失去。

就像有人摔倒了，大家都不敢去扶。

如果躺在地上的那个人是自己的亲人呢？人心不分男女，人心只分善恶。爱一个人，就要保护好那个人，我们才不枉来到这世上。我想，如果没有“女汉子”的世界，应该会很空旷和无趣吧？！

“女汉子”需要小心的几款人渣

A 口蜜腹剑男

该款最不容易甄别，潜伏很深，有一副老实外表，坏都憋在心里。平时小恩小惠不断，暗地里给你使绊子，你中刀，他补刀。倘若遇到一个整天夸赞你的人，一定要小心。溢美之词多古怪，就是形容这种人的。

B 冷酷无情男

该款属于能同甘不能共苦型。外表挺酷，实际上外表和内心一样，冷漠无情。有福同享还能凑合，一旦你生大病住院撞花了脸。他跑得比兔子还快。遇到这种人，千万不要把未来和他捆绑在一起。有多少姑娘得癌症或者瘫痪之后，都见不到这款男人的影子了。

C 极品骗财骗色男

这款纯属骗子，名字是假的，身份证是假的，可能连脸蛋和性别都是假的。擅长编造各种故事，杜撰各种身份。喜欢诉说自己沧桑的经历来博同情。或者用生意失败来骗取钱财。花言巧语给女人一个不存在的未来，想方设法弄空你的银行卡。之后，逃之夭夭，管你生了孩子还是大着肚子。

D 无可救药暴力男

这款男人更糟糕，掌控力强，必须要用自由换取他的操纵。动不动冷暴力、热暴力来虐待爱他的人。爱上这种男人，要做好随时送命的准备。

E 软饭男

这款男人多属于小白脸，面首之流。好吃懒做等着女人来养活，有钱就留，没钱就走，张口闭口以爱要挟对方的口袋。爱上这样的男人，女人吃苦一辈子。

F 嗜好难戒男

这款男人把嗜好当命，比如嗜赌如命的，输光败光，恨不得卖儿卖女的男人。吸食违禁品的，酗酒如命的，好出轨的。这些嗜好带来的是不幸。女人要远离。

PART FOUR

野蛮些，说不定男人很喜欢

因为一部《来自星星的你》，全智贤又火了。多年前，她饰演的《我的野蛮女友》再次进入大家的视野。相比之下，我更喜欢野蛮女友中的角色。

女孩因为悲伤释放出来的刁蛮任性，哪怕是简单的小粗暴，也真实而动人，谁能驾驭男人，谁能影响男人的喜怒哀乐，谁就能钻进男人的心房，在那里停留并拥有一块属于你的地方。

虽说荧屏角色毕竟是虚构，可编剧却是情感专家，知道男人喜欢简单又虐心的姑娘。在故事的结尾，两人戏剧性地再次遇到的时候，他们似乎都成熟了，彼此多了理性的谨慎。假如，他们的结尾变成开始，可能故事又是另外的一个结局。

这说明感情是不能本末倒置的，说明对待男人要狠一点，哪怕有一天分开，让他回想起你的时候，都能印象深刻。

现实生活中，男人会喜欢什么类型的女人？“女汉子”，或者“小女人”？从“剩女”的数量上来看，答案当然是“小女人”，“小女人”是野生的，想哭就哭，想闹就闹，想发嗲就发嗲，想蛮不讲理就蛮不讲理。乖起来像猫，闹起来像狼，男人在这样的女人面前常常是无计可施的状态。

“女汉子”呢？个性不够放纵，自然显得呆板些。《我的野蛮女友》中的全智贤，霸道得那么可爱，野蛮得那么张扬。换成任何一个男人，大概都会沦陷。

其实，女人年纪越大，把真性情隐藏得越深。

尤其是单身的姑娘，在工作和相亲的路上颠簸着。大概二十五岁后，基本上，都会经历过几次相亲。相亲时，虽说有说有笑，但笑容未必是真的。

所以才会有不断地失败，不断地相亲。次数愈加多，心愈麻木。接触的人愈加多，愈老练。看起来那“从容不迫”的态度，“与世无争”的笑容，彼此心照不宣的应付。怎么会打动男人的心？ 容忍和谦让被当作客套，大有人心不古的趋向。

不如想说就说，想乐就乐，没心没肺地耍脾气来得痛快。有时候，你的不愉快，至少要让他知道。男人更吃女人的这一套。

基本上，幸福的家庭中都有一个能容忍女性的任性和野蛮的男人。

我有一位很要好的闺蜜，她的脾气比较倔犟，是说一不二的“女汉子”。虽然她老公的脾气暴躁，在她面前不过是小巫见大巫而已。

她是全职的家庭主妇，银行卡在她手里，家里的大事小事必须经过她同意。否则，就对老公耍脾气。偶尔，还会把老公小揍一顿。

曾有一段时间，因为婆媳关系，闹得两人感情不睦，他们打算离婚。离婚后，闺蜜的老公赖在闺蜜家里不走。两人分分合合，又复婚，现在两人生活幸福，比从前恩爱许多。这种男人是典型的“妻管严”，在一起的时候难受，架不住母亲的唠叨，试图反抗妻子的野蛮约束，真的分开了，他又极度不习惯。

男人比女人还容易依赖某一种环境。

即便他再遇到新的人，他会不习惯他们新的相处模式。太温柔了，他会不知所措，认为女人爱得不够率真不够激烈。

我认为，女人在必要的时候，需要展现一种霸气。温柔谦逊地对待男人们会惯坏他们。生活中很多案例，好女人为什么容易被剩下？小熏是我认识中脾气最好的姑娘，没有之一。她跟谁都不计较，性格柔弱，谈恋爱三番四次。每次都是被甩的结局。她不是不漂亮，而是很漂亮。开始，她很纳闷，为什么受害的总是自己？她是呼之即来，挥之即去。只要对方开心，她什么都不计较，不计较对方的身高，不计较对方的臭脾气，不计较对方是又穷又老的“屌丝”。他们可以从她那里得到任何东西。

最后，那些男友给她的答案，不是说因为她太好太温柔，就是说他配不上她。太温柔，不过是他们腻了的借口。事实上，男人们会想，这样的女人对我这么好，对别人也一样这么好这么放纵。

久而久之，得寸进尺的男人会不满足女性的种种付出。

或许，只有你揪着他的耳朵，让他知道你不是好惹的时候，男人才会心存感激你的温柔。如果没有黑夜，哪里会衬托白天的可贵。

没有雾霾，哪里知道蓝天原是最好。

单身的“女汉子”应牢记一点，你骨子里的野性，就是你的标识。对待男人有时候真不能心慈面软。

PART FIVE

磨合期，不做受气的绵羊

感情到底是什么?

感情是一对陌生的男女从相识，彼此吸引，到相恋产生的依赖。是在亿万人中遇到你，没有早一步，没有晚一步，恰恰在不偏不倚的时间轴中巧遇。

这种巧合的不易，从产生暧昧开始，恋爱症候群显现，为爱疯疯癫癫，以为可以轰轰烈烈，哪怕是退一万步，也要执著地守护身边的男人。最后被男人厌倦，成为忍气吞声的小绵羊。

谁都不能否认，人从一出生就注定要接受死亡。

感情，有欢聚就有离别。恋爱，有相惜就会有相厌。即使结婚又怎样? 一纸婚书有时候未必能拴住男人的一颗心。从二十几岁相守到七老八十，要一起熬过漫长的苍白的婚姻，需要豁达和根深蒂固的爱情信仰。磨合期，男人的问题来了。女人的忍耐成为束缚他们自由的障碍。女人会因为男人的各种毛病感到恼火。

这段时间成为男女关系的分水岭。有人熬不住，走着走着就散了。有人熬过去，修成正果。

磨合期，如何对待彼此的相看生厌？大部分人，我相信是抱着能走到终点的心而在一起的。

所以会格外珍惜这段感情。

女人很容易妥协于自我感受中，男人则容易妥协于对方的强势。这和男性的基因有一定程度的关系，自古战争便是男性最热衷的游戏。

电影《鸟鸣》，男主人爱上有夫之妇，两人经历过甜蜜偷情，一起抵抗女主人公的丈夫而私奔。生活虽然辛苦贫寒，两人却过得有滋有味。

爱情柔化了男女之间的对抗感。

当他们为生不生孩子发生争执时，磨合期便已到达。

凡是在一起的男女，必然要经历的过程。可能是因为某个人，可能是因为某些事，会使彼此回归理性重新看待对方，以及自我的选择，包括未来谁是家庭的主导等问题。而他们是为孩子打破平衡。男主人公心中孤儿的阴影令他坚持不要孩子，女主人公试图说服他，结果是失败。女主人公怀孕，离开男主人。

他们当时已无法沟通。男主人公和她选择同样的道路——逃避！他为逃避爱情，参加抗战，九死一生。直到彻底失去心爱的女人，他才明白，生命和爱情本身的可贵，在失去一切时，他终于低头，回归正常人的生活。如果要通过死亡来赢得输赢，本身就很愚蠢。

我坚持一点，不管是对待感情，还是对待其他难以解决的事情，都不要太过执著。逃避，虽然很轻松，可我认为，逃避不能算是真正意义上的处理问题，能逃得一时，却逃不过一世，迟早要重新面对。有些问题可以交给时间，有些问题要交给彼此。

一对同居三年的男女，男方多金多情，桃花不断。女方小鸟依人，感情淳朴。婚期在即，不料闹分手。男方对女方冷言冷语，不断和前女友进行比较。女孩子亦是固执，虽然不爱听男方的挑剔，可一直忍耐着。他看她洗盘子不顺眼，他看她穿衣打扮不顺眼，好像他是误入歧途的受害者。

偶尔，女方也会和他吵两嘴，碍于自己经济上依赖男方，她大多忍气吞声。他出去应酬开始不带着她，他遇到喜欢的女性开始展开暧昧的追求。

女方看在眼中，无计可施。她不知道该如何做才能令他开心。但是她知道，她已经不开心。婚期迫近，两人关系日趋艰难。女方认为，只要过了婚期，就能让男方安定下来。她就随他去了。他奚落她，她无所表示，只会背后偷偷哭泣。他对家人表达对她的不满，她只说是他的婚前恐惧症。她的“绵羊”行为，加快了他们破裂的速度。

男人是博弈动物，你吃定他的时候，他才能安分。他吃定你的时候，他永远都不会满足。后来女孩向我咨询，我给她两条路，一条是快刀斩乱麻，速战速决。要么赶快结婚，要么赶快分手。二是拖住他，和他争夺失去的领土。让他知道，他的行为刺伤你，你要把他夺回来，让他成为你的裙下之臣。后者恐怕有难度，由绵羊变成老虎总不现实。反差太大，男人的耐心永远是留给新欢的。所以基本上这段感情已无药可救。

果然，没过几个月，两个人在婚期前解除关系。

男方给女孩子十万块的悔婚补偿。女孩子念念不忘，始终对这段感情耿耿于怀。她一直说，她为这个男人放弃工作跟随他到北京，放弃自我，做了他背后支持他的女人。

所有这些只能证明，是你一厢情愿的付出。而男方使用金钱的态度，是用金钱买心理上的平衡。他用实际行动告诉你，他不再亏欠你，对于他来说，你陪他的三年，不过是一种“工作”。

本来正常经历的一段磨合期，成为他们最后的一段路程。

“女汉子”切勿犯这种迷糊，真心待他，也要真心待自己。

不执著于感情，也不能成为任人拿捏的“软柿子”。

所谓磨合，是看谁更锋利，以压倒性的气势胜过对方，再柔情以待，这样的感情或许便是俗人口中的婚姻。

PART SIX

人挪活，树挪死

是树，就要坚定地站着。就算被连根拔起，咬牙的生命力已滋养空气，抓紧土壤的根蔓，被这个世界灌溉过，尔后灌溉这世界。

即使生命走到尽头，树依旧是树，可以用另一种方式存在。

女人，鲜活有情，男人是她的土壤，男人和女人相互灌溉彼此之间的情意。有情有义，这世界都是甜的。女人像树，守护着她的土壤。女人又不同于树，因为她没有可以复制的人生。当遇到令她不幸的人，就会遭遇不幸。

有一天凌晨一点，我在工作，楼下传来女人声嘶力竭的哭喊，然后是男人的怒吼。听得出，两人在激烈地争执，断断续续，女人大喊着，说活着太痛苦了，够了，不想活下去了。

女人的不幸往往来自自己选择的那个男人。我认为，女人是没有绝路的。

人挪活，树挪死，这句话送给所有受困于婚姻的女人。

从存在上看，如今的“形婚”不在少数，据我所知，维系这种半死不活的婚姻原因呈现多样化。有人是为了孩子，有人是为了面子，有人是为了经济。有人是为了恶狠狠地拖住对方，结果两败俱伤。

还有一种，性取向本身不正常，为掩盖自己的不同，随便抓个人来结婚。有位结婚五六年的姑娘，不久前得知自己的丈夫是同性恋，这使她很愤怒和羞耻。虽然他们之间有两岁的孩子，这无形中伤害到她。当她提出离婚，丈夫拒绝，并威胁她。她的娘家反对她离婚，理由是丈夫家经济优渥，况且离婚之后，她可能再也找不到条件不错的男人。

于是，她听取了“忠言”，丈夫有妻子的掩护更加放肆，她为自己的不幸深深难过。为平衡自己的情绪，她有了外遇。

夫妻二人过着天马行空的所谓的婚姻生活。

妻子说，每当她想起自己和丈夫亲密时的样子就很想吐，她把自己逼进歧路。像她这样不肯走出婚姻的人，从内在来看，是懒惰的将就心理，想着，凑合吧，随便凑合一下就是一辈子。不愿意从旧的环境跳入新的环境，对未知的未来怀有恐惧。

一旦脱离这种婚姻关系，接下来可能是更糟糕的生活环境和情感环境。

这种心态造成女性很难从不幸的感情中解脱出来。哪怕是男方不断地施暴。

小由，我学习写作之初的朋友。她在一段感情中拖沓五年，她的理由更复杂。她爱上的是一位丧妻的中年男人，中年男人有个顽劣的儿子。

他们感情其实问题不大，后来他的儿子介入他们的生活，他们开始无休止地争吵。继子不时故意挑起事端，男人护子心切，总怕儿子吃亏，于是偏袒继子，冷落小由。小由很愤怒，她不时表达出不满。可惜，男人是那种食古不化的人。小由性格有些优柔寡断，想过分手，可拖泥带水地凑合了几年。把自己从二十几岁一直拖到三十几岁。

最后要不是男人做得太过分，和她动起手来，她可能还下不了决心离开。

她走时，那男人送都没送，很无情。小由觉得自己傻到可笑。和他在一起的几年中，自己省吃俭用拼命工作补贴家用，连件上档次的衣服都没买过。到处都是为爱刻薄自己的傻女人。分手后，她吃穿用都上了一个新台阶。不久，她存的钱够买一辆不错的车。

如果一个人遇到另外一个人，他不能给你好的生活，却能给你愉快的心情。我觉得，这样的感情不错，可以将就。如果这个人不能给你好的生活，也不能给你愉快的心情。真的，请离开这个人。别管自己多舍不得，那会给自己带来不幸。

最近看贾樟柯导演的电影《天注定》，第三个故事中，做桑拿房前台的女孩和有妇之夫往来，他不能给她未来，临走给她一把刀。她受到他妻子的殴打，她无家可归。她被人羞辱欺负，他不能保护她。她用他给的一把刀狠狠还击欺负她的男人。如果她没遇到他，如果她早点离开他，结局不会如此。

她一个人走在路上，恐惧漫延。她成为耍猴人肩头的猴子，而那个不能给他任何东西的男人，是玩弄她未来的罪魁祸首。她为此付出沉重的代价。

我相信小由，如果没有离开，生活可能一样沉重，不断的争吵带来深重的怨恨，有一次小由说，她真想在饮料瓶子里放上毒药，让那对“浑蛋”的父子喝下去。这是一种很危险的信号。若再不离开，树不挪能活，人不挪是死。

那些为把对方拖死的女性，其实本质未必有多坏。是因为不甘心，没有好的归宿，是对男人的绝望反抗，用自己的牺牲换取别人同样的牺牲，想要玉石俱焚，实际是在作贱自己。

我不赞成形式上的婚姻，没感情了，就是没感情了，死撑的结果，可能是酿成整个家庭不幸的根源。

相信我，离开某个环境，不会比过去更糟。

我特别赞同那句话：婚姻是女人的第二次投胎，而投胎却是个技术活。

倘若，一个女人可嫁可不嫁，我建议那暂时先不嫁。如果必须要嫁，一定要嫁个好人。他必须是你人生中的阳光。

女人不能为了结婚而结婚，不能为了“脱光”而“脱光”。

不能随便见到一个男人，就以为可以托付终生。尤其是各位“女汉子”，经济上独立，精神上也能做到独立，而且应该更慎重地对待自己的感情。

LIFE CASE

和渣男的纠缠，没有赢家

这次，阿京离开的时候，把话说得太绝了。

侯小姐疑心自己有自虐倾向，不然怎么会一直让自己沉浸在那些话里，迟迟不肯走出来？他的绝情，像一片锋利的刀刃，一个字一个字，划伤心扉。

阿京是侯小姐的朋友，也是曾经的男朋友，分手之后，在侯小姐的坚持下，成为她的普通朋友。

侯小姐还记得他是男朋友时的情景，他对她多温柔，那么多人一起吃饭，当众往她碗里舀松仁玉米，鱼肉剔骨后夹给她，他说，她就是他的蜜糖，是医他的药，医相思病的药。那些肉麻的话，侯小姐一个字都不曾忘记。他就是这样的男人，浪子，有过很多女人，对每个女人都是如此，开始很爱，结尾很糟。走马观花地谈着恋爱，对谁都不付出真心。

可是，每一个女人都有过那样固执的想法吧，觉得自己会是浪子的最后一个。侯小姐也认为，只要她足够努力，他一定会爱她，于是飞蛾扑火般奔上去。她努力挽留他，伺候他如太子爷一般。他喜欢独立的女性，她便独立，像个男人一样打拼，只为配得起他。

没想到，侯小姐愈挽留，阿京愈想离开她。他跟侯小姐多次提过分手，都被她挡回。

阿京虽放荡，却心软。第一次他要分手，侯小姐说她现在身体不好，离不开他。半年后，他再次提分手，侯小姐以亲人去世为借口，继续挽留。再一次，阿京说分手，侯小姐撒了个更大的谎，她说她怀了他的孩子——这个莫须有的孩子，被她很快“人流”掉了，做“手术”的那个大夫，是侯小姐大学里的好友，她配合她欺骗了阿京。

侯小姐用尽这些方法把阿京留在身边。

可是，他不快乐，她也不快乐。

但是她的手放不开，她不知道没有这个人她该怎么办。她第一次如此深爱一个人，想到他将离开，骨缝里都是一阵一阵地疼。

终于有一天，阿京坚决要分手，侯小姐再也没有理由挽留，就说，那他们不做恋人了，做朋友。

就这样，他成了侯小姐的朋友。阿京答应侯小姐，还会照顾她，力所能及地帮助她，只是不再是恋人。侯小姐点头，心里想，这只是她的缓兵之计，她要他重新做我的恋人。

阿京搬出侯小姐的家，不过，她还是三天两头找理由要他回来，有时候是电灯坏了，有时候家里进老鼠了，各种理由都被侯小姐用上。阿京无可奈何，他每次都是匆匆地来，再匆匆地走，从不逗留。有一次，他对她说，不要这样好不好，我们已经分手了。

侯小姐装无辜，谎说自己患上绝症。

阿京偃旗息鼓。只是，彼此见面的机会越来越少了，甚至他直接离开了这个城市，只让他有事打电话给他，再后来电话也不让打了，让他网上留言。

当侯小姐第N次在QQ上假装问他电脑问题，他一直不理不睬，她就一直追问，阿京终于怒了，说以后不联系了。她问为什么，他说烦了。

侯小姐傻眼了，问为什么烦她，问了几次，阿京才回答说，烦了就是烦了，烦了就不搭理了，不需要理由。而且，他已经知道侯小姐编造谎言来欺骗他的事情。

那句话之后，阿京就把侯小姐拖黑名单了。

侯小姐疯了一般，立即订了去他那里的机票，当天就赶了过去。可是她没能找到阿京，他的电话一直关机，而换城市换工作之后，他连住址都没告诉她。侯小姐一个人流落在街头，心痛得要滴出血来，她爱了那么久的人，他怎么可以对她说出那么过分的话？说好要照顾她，却怎么这么狠心。

侯小姐发誓，无论如何都要把阿京找出来。没有那个男人，侯小姐陷入疯狂的思念模式。

她做了一件很疯狂的事，把他们的故事发到网上了。她每天更新一点，讲她跟阿京之间的事。那个帖子在网上的转载率很高，主因可能是因为，侯小姐把阿京的照片上传到了帖子里，全身照，半身照，她还在开头注明：一个月的时间，如果你不主动出现，你的裸照就会出现在网上。

阿京是个网虫，侯小姐知道他肯定看得到帖子，可是，一个月已经过去二十六天了，阿京还是没有联系可怜的侯小姐。

当时间一点一滴过去大半年的之后，侯小姐才从这段痛苦的经历中超度出来。她的偏执影响了自己的仕途，阿京始终没有再出现。唯独留给侯小姐的礼物是，她的坚强和独当一面。从那个男人身上，她学会了独立，学会了戒掉爱情依赖症。

她之后结了婚，她的丈夫说，第一眼见到她，就觉得她拥有不一样的气场，感觉很震撼，想让人抓住并依赖下去。

后来，她听说阿京和一位很强的女士结婚，她心想，终于可以有个女人能镇压住这样的一个男人了。

综述

刻意追求幸福，幸福就会变成不幸。“女汉子”在感情上太执着，最容易颗粒无收。一个气场强大的女人，是不会在乎她会留住谁，她更关心的是，谁不会离开她。无论是在感情上，还是在事业上，都能做到宠辱不惊，拥有不一样的情怀，如此做女人，才配得起“女汉子”的称谓。

第六章 沒风骨，迟早要吃亏

生活是艺术的大师，在沉默的细节中体现其残忍和智慧，残忍像活在盒子里的小丑，每一个举动都那么蹩脚，在被生活拒绝了一千次之后，残忍会携手智慧，让生活变得容易些。生存之道是自我改善之道。“女汉子”的蜕变，需脱下软弱的灵魂，为自己造肉丰骨，在生活的熔炉中得以重生。然后，获得至上品格和不易碎的节操。

PART ONE

什么事该做，别总问别人

看到微博上有名人吐槽说，一个刚毕业的姑娘找到她的经纪人，问是否招聘。

经纪人告诉她，直接找对方的公共平台联系就可以。姑娘仍不依不饶，要求经纪人告诉她联系方式。经纪人很生气，认为一个连自己想知道的答案都找不到的人，是不配来应聘的。很小的事情，却因为这小小的细节，造成“出师未捷身先死”的局面。

今日不同往日，“温室的花朵”不可能一步不踏出闺房，如今，再也不是靠嫁人谋出路，靠相夫教子过日子的时代了。

女孩子又如何？等着天上掉馅饼，砸中你的头？

女孩子要生活，要养活父母，要买房子买车子过日子。这就是现实，这就是生活！发呆也好，卖萌也好，都抵不上一块能果腹的面包实惠。

有姑娘问我，该怎么办？

我的答案是：问自己。这世界上所有别人的答案，都只是参考。

最后，自己才能给自己最终的答案。你想要什么，你想要怎样的生活，你必须要学会什么，你必须要放弃什么？在不断和岁月的较量中，自己会寻得自己的生存方式。包括那个不停向经纪人要联系方式的姑娘，我猜，她应该是个很容易依赖，又没有什么生活阅历和能力的人，甚至有可能患有选择恐惧症。

这是一种“富贵命”所患上的“富贵病”，“菟丝子”小姐就是这样的病人。

在三五个追求者中，她总不知道该和谁继续交往。我们关系好的时候，她总是问我，她该对谁更好一点？我给了她答案，她仍“放羊”一般和几个人继续交往。

她说她不知道该如何去拒绝别人。她不会做饭，连基本的排骨汤都要打电话来问上十几分钟。她没有一点主见，凡事都要问别人的意见。婚后的生活，亦是如此。

如果一个人连起码的常识都没有，真的就变成“菟丝子”，靠寄生汲取他人来滋养自己。谁都没有义务去负担这类人的人生。

我试图去理解这一类人的存在。

他们需要一个全新的环境来拯救自己，至少，你需要知道今天该吃什么，什么场合该穿什么衣服！在重大抉择面前，懂得取舍。因为不是傻瓜，我相信，只是因为太爱自己，太舍不得自己的缘故。舍不得自己多走一段路，多思考一个时刻，是纯粹的被动者。

作为被动者，活下去不是问题。主要是活下去的质量，很容易走着走着，就失去珍贵的东西。那些珍贵的东西，是爱你的家人，是爱你的朋友，是你爱的一切，包括机遇。尤其是机遇，可遇不可求。小则一份好工作，大则是你未来所要选择的职业动向。

比如说，上高中时，你明明喜欢文科，偏偏要听父母的话去学理科。大学勉强考上，又选了一个你不中意的专业。

毕业后，你去找工作。你不知道哪份工作适合你，你又选错。一步错步步错。一位已经五十岁的男子，跟我说，他周围某某同学是亿万富翁，然后，又出现第二个第三个富翁。

可他呢？还在为他的同学打工！之所以拿男人做例子，因为这个人的骨子里是女人的做派。他和“菟丝子”小姐类似，却不能辨识是非。凡事总问别人，好像所有人都比他精明。

他和“菟丝子”小姐又不同，“菟丝子”小姐虽然凡事问别人，暗地里却依旧我行我素。这位“菟丝子”先生不是，属于听风就是雨的人物。如果有人说他身边人的是非，他觉得这个人说的很对，容易上当受骗。

在社会上打拼还好，倘若是恋爱或婚姻中人，事事举棋不定，凡事都要问对方拿主意，那样的“行尸走肉”是男人都会反感。他们会觉得和这样的女人在一起太累。

我对人生抱的态度，还算乐观。

虽然夹缝求生，如果拼命努力，还是寻得到方向的。

从一点小事开始，从每一个细节开始，专注自我，学会不依靠不借助他人之口，来完成简单的一件事。

哪怕是你从简单的盛饭开始，这都不重要。重要的是你可以做到别人都能做到的事情。尤其是女孩子，这个社会不再怜悯你的性别，不会因为你是女性便会多给你加薪，也不会因为你是女性就能取得更多的福利。

女孩子总有一天会变成“女汉子”，成为一个坚强的灵魂独奏者。

PART TWO

知道自己想要什么

自古以来，鱼和熊掌不可兼得！人的贪婪就像鸿沟，什么都想要，什么都不想放手。

我相信，凡事都有代价。你若想得到玫瑰，就要忍受被刺伤的疼痛。你若想要一条忠心耿耿的宠物做伴，你就会丧失独自流浪的时间。你若想要做明星，可能就会与平凡的家庭生活失之交臂。

至少在权衡之间，知道自己能得到什么，失去什么。

有的姑娘目的很明确，她只要爱情，可以不要面包，也可以不要事业。为了爱某个男人，她吃尽苦头都无所谓。有的姑娘只要面包，其他都是浮云，为面包，可以做突破道德层面的事情。有的姑娘选择做“女汉子”，一切靠自己。

几天前，小表妹来家里做客并住下来。二十岁的年轻姑娘语出惊人。她很明确她所追求的，就是物质上的满足。男人对她来说，是利用的“台阶”而已。她需要踩着他们的身体，向属于自己的天空出发。

我突然想起张爱玲说：“出名要趁早。”

年纪轻轻便计划自己的人生宏图，这种可行性的成功率会相应提高。

当然，这种勾勒不是虚妄的。就像我的表妹，她只想赚钱，两年内在市区内买房。这便是她想要的东西。她说，她给自己玩的时间只有一年，赚够钱，她会在二十五岁之前，找个靠谱的男人嫁了。

在我的印象中，她尚未长大，那个流着鼻涕虫，剃着光头的小女孩仿佛就在昨天。

曾经的一位作家朋友，说她很小就知道自己将来会成为作家。小时候很偏执地认为，她长大一定要成为作家。这种偏执带来的努力是：她实现了儿时的梦。

像“菟丝子”小姐和“菟丝子”先生，是不知道自己到底想要什么的。

他们想要的太多。想要家庭，想要事业，想要金钱，想要爱情，想要这个地球，甚至想要整个宇宙。又要真心，又要多金，这怎么可能？

即便老天想要什么都给你，你未必有精力接受这些东西。

最简单的一件事，如果想靠写作糊口或者是出名，就要付出至少一万小时的工作时间来兑换这种机率。

一般，一个作者最少笔耕不断写上十年才能勉强有点名气。

而这些时间是被削减在其他时间里的。和家人旅游的时间，和爱人相处的时间，和孩子嬉戏的时间。

所以，很多作者出名后，家庭也随之解体。

写作这个圈子的“女汉子”，感情最容易没有着落。因为我们把大部分时间奉献给文字。当一个人很清醒地面对这样一个问题时，还能继续下去。说明，这是她真正想要的。

那么，为自己绽放，多么辛苦都不算辛苦。因为，我们看清自己的同时，也赌上了自己的未来。这没什么可大惊小怪的。

谁都可以成为自己想成为的那个人。

怕就怕身处迷茫，不是想要的太多，而是真的混沌得不知道自己想要什么，何去何从！

二十五岁之前，我可以用迷茫来形容我的人生。拿着低廉的工资，过着似乎“暗无天日”的生活，因为没有理想，我用“暗无天日”形容那段恍若隔世的时光。

当时大脑中并无一个明确的概念，我该从这段贫瘠的生活中汲取到什么。

我的未来会成为什么样的人，我到底想要什么？

根本没有！

甚至连自己想要什么样的男人？都没有概念。

这样的迷茫，造成两个结果。

一是恋爱找不到方向，不知道什么样的男人适合自己，自己该去爱什么样的男人！恋爱变成独角戏，草草开始，草草收场。

二是一直过着清贫生活，根本谈不上拥有所谓的事业，不过苟活而已。

所以，我很遗憾浪费的那段宝贵时间。

如今，对感情我亦有规划，也明确地知道，自己该和哪一种人在一起，哪一些人并不适合，该舍弃便舍弃，该珍惜便珍惜。不再自怨自艾地过日子。如我所愿，一切好转！

倘若你还在云里雾里，不知所以。

请一定问问自己，这世上有我们存在的价值吗？

肯定是有的。

那么，请一定要找到。

从这扇门出来，请推开那扇门，你会打开另一个空间。

“女汉子”的人生甚为精彩！

PART THREE

拥有属于自己的人生观

世界无限大，是因为世界不属于你，也不属于我。

我们无法扭转任何轨迹，包括自己身边亲人的命运。

大概人从出生到老去，感触最深的应该是身不由己！我们活在漩涡中，虽然艰难，更要保持一个自我特性的延伸，那便是拥有属于自己的个人观念。

这就像都市需要霓虹灯一样重要，霓虹是点亮希望的精灵，都市是吞噬纯真的暗夜。女孩子闯荡世界，需要比男人可信的尺度。可信的尺度来自对社会的认知和人性的判断以及正确的是非观。

我觉得，对社会的认知，作为一个都市女性有足够的判断。

人性的判断来自我们接触社会后逐渐形成的是非观念。你接触的什么圈子，便会有什么样的判断。一个赌徒，绝对不会觉得赌博是具有危害性的，不过是怡情而已。

一个骗子，不会认为从别人的口袋里诈骗出钱财是不道德的行为。

这是危险的人生观。

我接触一个二十岁的小姑娘，小姑娘的两性关系混乱，她很容易堕入情网，且不管对方是什么样的人。不管他结婚与否，不管他是不是一个善良的男人。

她说，只要你情我愿，两个人相爱，她什么都不计较。

她用上帝的视角去理解她自己，她觉得只要可以满足自己，一切都可以为她让路。她却忽略了几件事。她忽略她所爱的人是否能接受这样自私的爱。她忽略她做为第三者伤害的不仅仅是另一个女人，而是一个家庭。她忽略她的所作所为为自己家人带来的羞耻。

我并非是道德的卫道士，只是希望，从女孩到女人，从女人到“女汉子”的蜕变过程中，能让生活的尖刀迟钝一点，血淋淋的结果害人害已。

我们的棱角就这样被无情地阉割，然后变成在某个圈子里中规中矩的一群人。

女性的独立是从树立自己的是非观开始的，接着，才能分辨来自他人给予的或正确或错误的信息，减少掉入陷阱的机率。

这个世界构成很简单，只有男人和女人。

对有些心怀叵测的男人来说，年轻姑娘就是待宰的羔羊。他们会挖好坑，等着姑娘们前仆后继地跳下去。

你要知道，这个人凭什么会对你好，凭什么会给你大把大把的钱花?

有时候，一个人对你好的背后是深渊。有多少姑娘经不住诱惑，做了他人口中的“鱼肉”？用物质引诱你一步步向深渊走过去。

尤其是冠以关爱之名的时候，姑娘最易动容。安琪便是这么堕落的。

她毕业后找的工作都不太称心如意。在汽贸公司做销售时，遇到一个男人。男人要了她的名片，以各种借口约她吃饭，从送一些小礼物开始，慢慢地许给她不切实际的许诺。比如说，将来赚到钱会送给她一栋房子，以后带她出国旅行。她倒没有轻信他。他不断投资，给她包下宾馆，带着她出去应酬。

她知道他有妻子，但是她似乎习惯这种奢靡生活。

她不工作，每天把玩乐当作工作。有一次，她看到他和几个人鬼鬼祟祟地在商量什么，她这才发现，他是靠走私违禁品发达起来的。他警告她不可以出卖他，不能做无情无义的事情。长时间的相处，她完全依赖他。他把她拉下水，直到东窗事发，他一口咬定是她在做这些事。

她恍然大悟，原来她不过是做了替罪羊。

没有无缘无故的爱，也没有无缘无故的恨。

倘若她从开始就明白，从恶棍手里递过来的汤永远有毒的话，她不会有今日之祸。

女孩子不仅要有火眼金睛，能辨识善恶，懂是非，也要能抵抗得住诱惑。

几年前有本畅销书，叫《女孩要富养》，富养的概念无非是要姑娘见识广博，能抵御外界的诱惑。她不会随随便便跟着一个家伙走，也不会随便跳入一个别人挖好的“坑”。她能坚持自我，不会随波逐流。她不羡慕，不盲从。

这是所有在社会上打拼的“女汉子”需要防范的，要坚持自己所坚持的，摒弃自己所厌恶的。在不那么干净的生活中独树一帜，好好生活。

PART FOUR

凭什么按照男人的要求做女人

随着一些都市恋情电视剧热播，为男人们吹响盲目乐观的号角。

本就自恋的一些男人更加坐立不安地激动。有老男人找到金领漂亮年轻小姐的，有中年司机傍上美貌能干“女强人”的，且都是被单身“女汉子”们死缠烂打类型。

看得出这些电视剧大多是男编剧的杜撰。

男人天生对自己的评估过于乐观，就像二手房买卖的评估公司，看的不过是房屋的尺寸，至于真正的价值，还是卖家说了算。他们自恃过高的态度，是对女性的不公正待遇。

几个男人围坐在一起，最常吹嘘的是自己的女友或老婆多么能赚钱，人有多么贤惠。男人对女人的要求好像从来没有降低过。

即使人过中年，他们眼中的女性依然应该按照他们的逻辑存活。尤其小有资本的男人，有时候根本认不清自己到底是谁！在饭局上，有的男人侃侃而谈对女性的诉求。

如今四十多离异的男人，若是找到二十几岁小女友是需要调教的。十几岁或者二十岁的年龄差带来生活阅历和生活习惯上的巨大差异。

最常见的，并不是姑娘对男性的不满，而是男性过度强调女性要根据他的喜好进行自我完善。男人喜欢优雅的女人，若你低于他的预期，他就强迫对方去学习舞蹈，学习钢琴或者画画，甚至挑剔对方的言行，各种嫌弃，他们需要的好像不是相爱的人，而是需要一个女仆，一个私人保姆，一个玩具，或者是赚钱的机器。

所以，才会出现门第之爱，攀高枝的现象。

像“菟丝子”先生一般的人物，都会用身边人的优越感来抬高自己的地位。他会说，我的某位某位朋友是亿万富翁，我的某位某位熟人已经出人头地。虽然不是自己，但神气的样子仿佛就是自己。为自己镀上虚假金边，以压制身边的女人。

人性的劣根性恰恰是通过为别人制造麻烦，来取悦内心的虚荣。他会把你的日程安排得满满当当，要你做牛做马的同时，他却在声色犬马。好像身为男性，他就需要获得特权。

我接触过一位爱狗女士，她收容了一条被主人遗弃在宠物店的京巴狗，她给它起名胖胖。因为心疼那条小狗，爱屋及乌，她在深圳的流浪宠物之家做义工。

后来，遇到她先生。

最初，她先生对胖胖还好，两人结婚，婚后矛盾逐渐显露出来，胖胖成为他们夫妻吵架的导火索，胖胖总和她腻一起，有时候会在家大便小便，或是乱咬东西。

他想要小孩，希望把胖胖送走。她本来就觉得结婚后，由于对胖胖的约束，这小家伙已经很可怜，她非常不情愿。他还是不断要求她做出让步，她拒绝把胖胖送人，她先生为达到目的，三天两头闹意见。

几经沟通不成，她提出离婚，她的理由很简单，婚前他不要求她做那么多，她以为她找对了人。

原来，他的要求是等着她进入婚姻之后，才慢慢改造她。

而这样的男人是多么可怕！哪怕她真的送走胖胖，将来，她依旧不会满足他。

他的欲求会愈加多起来，她不想为某个人活，成为被改造的对象。我不建议夫妻协调不成便以离婚收场。

婚姻也好，恋爱也好，牵扯的不是一个人，谨慎地对待感情，还是有必要的。

当然，两人在一起的时候，不可能完全自由。

太自我不会幸福，失去自我也不会幸福。太自我就不懂得与人相处，一个满身棱角的人，很容易被别人伤害和伤害别人。

若要完整的自我，不如单身。

大概这正是当下单身人数攀升的原因，因为大家都希望保持一个完整的自由的自我。

适当的沟通和忍让，不会有损感情和自我幸福指数的。那么，失去自我的人，在这样的时代里容易被摒弃，因为懂得感恩的人越来越少。

“女汉子”需要学会甄别男人，懂得筛选男人，才不会让自己所托非人，陷入悲惨境地。在面对一个有“强迫症”男友或老公的时候，千万要谨慎对待。

至少，要让他知道，你的独立是你最大的魅力。

PART FIVE

随波逐流的美没有吸引力

二十岁有二十岁的美，三十岁有三十岁的美，四十岁有四十岁的美……

追随流行，做时尚的奴隶，对一个女人来说，虽然得到短暂的愉悦感，其后患是无穷的。二十年前，时尚女士们都在纹眉，漂红唇。满大街都是美容的 POP 广告，很多人趋之若鹜。

我记得，那时的姑娘们顶着花花绿绿的妆容招摇过市。

皮囊之美，终究短暂得留不住。

这阵风刮过之后，又是另一种时尚之风。

于是，大家纷纷去洗掉那些“美丽”的颜色。

后果便是对皮肤的损伤难以修复。就像很多女孩子用眉毛钳拔掉多余的毛发，过不了多久，毛囊便会扩张，皮肤会变得松弛而难看。

无论你做什么，追求什么，都是用一种代价换取另外一种代价。

男人们把女人们这种行为叫做瞎折腾。折腾来，折腾去，折腾的是自己的肉体。尤其是一些姑娘为了过度追求苗条身材，来塑身减肥。

我听闻过不少减肥案例，二十几天的时间里，每天只吃几枚苹果，或者吃减肥药，喝减肥茶的，还有在身体里埋线减肥的。且不说到底有没有效果，男人面对这样的你，会感到恐惧。倘若，他爱你，你肥，他会觉得你可爱。你不打扮，他会觉得你朴素。

总之，爱你的人会心疼你。不爱你的人，你把自己用刀削成范冰冰，他仍不会珍惜你。有的姑娘说，不是为取悦别人，而是取悦自己。

想要自己出色地展现在大家面前，然后可以获得自信。这种心声，并非不对。《丑女大翻身》中，胖子姑娘因为自己肥硕的身材，总是被人耻笑，虽然声音宛若天籁，却连出台演唱的机会都没有，只好为一美女做幕后假唱。

没有人比她更想获得尊严和赞美，长期的压抑，令她内心十分自卑。她鼓起勇气做了全身手术整容，千刀万剐后，从一个肥妹变身成人见人爱花见花开的美女。

自从变身美女，她享受到从未有过的优待。不管从事哪一行的男人们，见到她都很容易臣服于她的美貌。自卑变成亢奋，亢奋变成嗓音的障碍。编剧很完美地诠释一点，美丽的代价往往超出人们的想象。

而美丽又是镜中花水中月，故事的结尾，她又变成那个曾经的肥妹。

与此同时，经历令她敞开心扉，不再刻意注意自己的弱势，对自己的人生有了全新的认知。不管美或者是丑，都是上天赐给我们的礼物，每一个人的到来不过是为完成自己的人生。对于打美容针、丰胸、割双眼皮甚至削骨瘦脸等美容行为，如果不是明星，真的没有必要追求所谓的时尚之美。

小爽，二十出头，人长得很清秀，为追求更漂亮更时尚，去做美容手术，先是割双眼皮，后来垫高鼻梁，之前流行尖下巴，她又为自己弄了一个尖尖的下巴。当尖尖的下巴不再流行，开始流行包子脸的时候，她去做注射手术，手术失败，她的脸部过敏得厉害。

后来，整张脸都肿了起来。挺好的姑娘，变得只有戴着口罩生活。

不要说小爽，越来越多的女孩成为整容刀下的受害者。

人类对美好事物的追求没有止境，一旦开始，便没有结束，就像上瘾的瘾君子，可以不顾一切获取自我满足。

在我看来，与其冒着手术失败的风险，不如，大大方方追求自然之美，该化妆的时候可以化妆，该穿漂亮衣服的时候别委屈自己。这样的生活对一般人来说，应该足够。

这让我想起一则好笑的新闻，一位有钱的男人娶了一位漂亮太太，太太很快怀孕生子，孩子一出生就引起丈夫的怀疑。因为孩子丑得有点不像话，像只猴子。他怎么看，怎么觉得不可能，认为漂亮太太出轨。他偷偷去医院做了 DNA 的检测，发现孩子的确是他的孩子，他很纳闷，上推三代，竟然也找不到如此丑陋的孩子。

无意中，发现漂亮太太从前的照片，他立刻找到答案。这位漂亮的太太是位人工美女，在没有整容之前，长相很悲摧。找到根源后，他提出离婚，并要求赔偿。一般男人是受不了这种巨大反差的。即使是在婚后，也没有几个人愿意自己的太太整天痴迷于此。

如果换成你，你也不愿意和同一个灵魂的“变形金刚”在一起生活。

何况，所有的时尚之美都是有保质期的，保质期一过，便是过气的标识。这让我想起大卫·梅索斯拍摄的纪录片《灰色花园》的大小伊迪，再奢靡再华丽，最后，还不是贻笑大方？女人，最忌讳堕入肤浅的人生。

一位“女汉子”说，找到对的那个人，就可以放心地做邋遢的女人了，她很庆幸自己早就找到了，那就是，无比强大、无所畏惧的内心。

欣赏慵懒这种事情，是半“嬉皮”式生活的基本技能。

女人大多数时候，应该更豁达地面对自己，然后，坦然地接受男人的好和坏。

PART SIX

别活得没有信仰

女人不一定知道自己的真实感受，自己的感受，也往往需要迂回曲折，做过很多别的事情，才渐渐清晰，原来，我真的在乎的不是表面的那样，而是另外的那个。

抽丝剥茧，接近内核。

有时候了解自己的心，比了解别人还要困难，因为对于别人，你可以斩立决地非常犀利，对于自己，却更容易温和地回避。

一位“女汉子”在审视人性后，如是说。在我眼中，对自我的肯定，是出于怜惜自己，不管对自己多么刻薄的人，不管自己做了多少不该做的事情，内心对自我的否定仍是手下留情的。而信仰，是救赎自己的唯一的方式。

信仰是开启慈悲之心和智慧的通道，能够赐予人对抗困境的力量。

我所说的信仰并非一定是宗教信仰，信仰可以是个人特有的订制品，你为了什么而活？你想如何生活？这都可以作为你前进的信仰。

但是这样信仰，必须建立在无害的基础上，若是能利人利己更妙。

在我周围，分布着不少有信仰的“女汉子”，大多数道路曲折，经历坎坷。

不久前，某个友人向我求助，称她的丈夫发生重大的事故，自己内心纠结却麻木。不管身边发生多么感动以及惊骇的事，她都不为所动，内心突然化成一块磐石，冰冷坚硬。她怀疑这样的自己是不是变成行尸走肉?

她时刻感到恐惧。

在恐惧中，她反复回味自己的人生经历，她叛逆的青春，以及对过去的疚疚。

她一生之中，最对不起的人，是过世的父亲。

和父亲对抗的岁月中，她逃离家庭，直至父亲去世，她都没能尽孝。她认为，丈夫的祸事是她对父亲不孝的报应。

在她娓娓的讲述中，我理解她内心深处其实一直都没有原谅自己当初忤逆的行为。如今她束手无策，她失去了应对的方向。

我希望能用自己的方式去帮助她，给予她心灵的力量。我告诉她，对于所有的亏欠，都有弥补的方法，即便是亲人离世，你一样可以替他去做一些事情。

她很快听取我的建议，用过世父亲的名义去助人，且日日为他祈福。她的事情逐渐有转机的同时，她告诉我，她的内心仿佛经历生死一般，又复活了。她在别人的感激中救赎自己。

她会继续做下去。

其实，所有的信仰，不过是给自己一个理所当然活下去的理由。

哪怕你是“菟丝子”小姐，亦或是像女人的“菟丝子”先生，至少，生存是自己的信仰，为了不脱离生存，只好死皮赖脸地抓住一根救命稻草。当然，“女汉子”不同于这些人，“女汉子”之所以成为“女汉子”，肩负的不仅仅自己的生活。

好友漫漫是位女记者，她亦是名副其实的“女汉子”，每次采访她都如同战斗，有时候为了等第一手的消息，她一蹲就是一天。

在采访马航飞机失踪时，她在机场整整等了一夜，等来的却是没有消息。

由于生活不规律，她患上胆结石，为工作，她拖了很久才手术。她并不是工作狂，也很抵触高强度的工作。她梦想自己在成都有一栋小房子，然后把母亲接到一起生活。她的信仰源于母亲，她曾和我说过她艰难的一段生活。父亲早逝，母亲艰难地把她们三姊妹养大，拮据的生活让她过早地懂事。

每到过年，一位富有风光的亲戚总是会一边施舍她压岁钱，一边取笑她。

她想，她将来一定要让母亲幸福。

过年时回家，她偶遇当年富有如今落魄的亲戚，亲戚向她提起曾经的施舍。她毫不犹豫地拿出钱来回馈给亲戚。亲戚虽然解释并不是在向她讨要，事实是，亲戚的手接过她的钱。她跟我说，她很难过，心里好像受了伤一样难过。

过去的情份在亲戚的一张嘴下，显得一文不值。

但是，她仍感激亲戚的那些巨额压岁钱，是那些钱帮她度过艰难的岁月。我很庆幸，她有这样的觉悟。

人情冷暖，一个如此善意的姑娘，在不那么善意的人心中，能心怀感恩，又不回避自己内心的感受，依旧可以善良地去生活，这应该就是信仰的力量。

信仰会让你相信，这世上没有可以阻挡自己顺其自然活下去的障碍。

哪怕是遇到再大的挫折和失意，把这些交给你的信仰，信仰会帮你消化掉不遂人愿的痛苦。

站在男性的角度，能吸引男人的，不光是美貌，还有来自那强大内心的固守。

这种力量能让男人相信，不管遇到任何事情，你都能和他站在一起不离不弃。

这是信仰赐予“女汉子”最大的幸福。

LIFE CASE

穿过胸膛的荆棘

麻团这样形容自己：我不是一枚樱桃，不是一朵花，我是一块裂帛，是一根钢杵，贫贱的外衣下，包裹着一颗滚烫了许久的心。

麻团是个仗义的女子，心直口快，乐善好施。她替别人坐过两年的牢，那个人是她姐姐的丈夫。不过在她出狱后，他不再是她的姐夫了，他早已经跑得不知去向。当年姐姐跪在地上求她的情况历历在目，麻团欠姐姐太多了，从学费到生活费，从她十几岁，就是姐姐一直在打理，这样的情感不是用钱就能换来的。当时姐姐大着肚子，她需要一个人照顾，姐夫是她的依靠，于是她冒名顶替，当了替罪羊。

她和姐夫在一个公司，一个办公室，姐夫挪用了保险柜里的公款去赌博，输光了，再也无法凑出那样的数额，公司查账查出了端倪，便一个电话，打到了公安局。姐姐的房子是租的，她还要生孩子。再三衡量，麻团顶替了姐夫的罪过。姐姐东凑西凑还了一部分，最后麻团被判刑了两年。

出狱的那天，姐姐没接她，是麻团的好哥们儿里约开着出租车去的。麻团款款地走到路中央，她扬起手臂，冲着里约大喊。里约亦看到了麻团，朝着她奔了过去，麻团没回头，她不想再回头，哪怕是多一眼，她都不想再去看把她封锁了两年的地方。

里约是麻团最好的哥们儿，他总是冲锋在前，不离不弃。他带着麻团去了姐姐家。麻团见到姐姐，姐姐向她哭诉姐夫的无情无义。

麻团对姐夫恨之入骨，发誓要找到他，要让他付出应有的代价。里约自告奋勇和麻团一起寻找他。两个人把寻人告示贴满了每一条街，在电台和网络开始寻找他的踪迹。麻团心里想的，手里做的，只有这件事。

她把时间荒废在了他的身上，她忘了自己应该有自己的人生。

找了三年，麻团三十岁了，她终于找到了姐夫，姐夫已经另外组成了家庭，并且有了孩子。麻团跟踪了很久，才探明了原委。姐夫当年并没有输掉那些钱，而是编织了一个谎言。他太了解她们了。一个女人爱他，另外的一个女人爱她的姐姐。于是他得逞了。随后他丢下麻团的姐姐和未出生的孩子逃之夭夭。他早就不再爱她了，只有不爱，才能下那样的狠手。他早就在外面结识了志同道合的女人，而那个女人也怀了孕。

麻团找到他们的时候，他的孩子已经五岁，上了幼儿园。麻团替姐姐感到不值得，姐姐的孩子死于难产，直到如今，姐姐的身体都没有恢复过来。她连基本的工作都干不了，一提及往事，就会泪水涟涟。

麻团看着他们一家三口幸福的样子，恨不得把他们的身体榨干，晾晒三天三夜。她忽然萌生了一个恶毒的想法。她问里约，敢不敢参与一场绑架？

里约看着麻团说：不敢！

麻团鄙夷他的懦弱，她决定自己冒这一场险。她不顾里约的劝说，执意要做这件事，为了自己这么多年辛苦有一个交代，她不能让这个逍遥法外的男人幸福。

她模仿电视里的镜头，装作小孩子的亲属，趁着孩子上课的时候，把孩子接走。孩子很聪明，出来之前还问她关于父亲的问题。她都一一解答。孩子见她果真是认识父亲的，便放心跟着她走了。

她牵着孩子的手，恐惧蛰伏在掌心。她的手心冒起了细汗。孩子告诉她，你的手真滑啊！

她哄着孩子，带他逃进游乐场，她打电话给里约，让他火速来找她。

里约赶来了，他蹙着眉看着她和孩子。他不说话，只是沉默。麻团对里约说："没别的意思，就是让你陪着孩子玩一会儿，我不会连累你，现在我要去让姐姐找他。"

麻团没敢告诉姐姐实情，她只是说，姐夫找到了。

她继而又给那个男人电话，告诉他，孩子已经在她的手上，让他老老实实去见姐姐，不然就会杀死那个孩子。麻团听见电话机里女人的哭声渐渐响彻了整个房间，她挂断了电话。

男人如约来到了麻团指定的地点，姐姐终于见到了他。她求他回到她的身边，她不计较当初他对她的所作所为。麻团看着为爱痴狂的姐姐，心里说不出的难过。男人尴尬地对着姐姐，他关心的只是他的孩子。麻团拢了拢凌乱的发，镇定地告诉男人，孩子死了。

同时她告诉姐姐，这个男人已经有了情人，有了孩子，有了另外的一个家，他从来都没爱过她。他当年盗取的钱，不过是给了另外的一个女人，他毁了她们姐妹两个人的未来。

麻团之所以会这样做，她盼望姐姐能像个正常人一样清醒，不再缅怀过去。一个沉浸在过去的人，是行尸走肉，生命只有一次，她不想看着她耗费那宝贵的光阴。

男人听到麻团宣布孩子死亡的消息时，先是绝望，后是愤怒。他抓住麻团的脖子想一把掐死她。惊惶失色的姐姐，已经吓得瘫软在座位上。

这时候，警察破门而入。警察把麻团等人抓进了派出所。麻团以为，这一次在劫难逃，不过她早已经做好了准备，即使她将来再也走不出那块拘禁的天空，她也不会后悔。

可是警察并没有对麻团策划的这起绑架纠察，而是把那个负情的男人移交给检察院，对他重婚和盗窃集体财产做了清查。

麻团是被里约从警察厅接出来的。里约搂着麻团的肩膀叫她傻姑娘，这么好的光阴，谁都不能辜负。她可以为了姐姐不顾一切，可是她对得起姐姐，却对不起自己。这样的固执只能换来后悔终生的遗憾。他不想麻团那样，于是趁着麻团安排姐姐和姐夫相见，他就悄悄地把孩子送回了家。他见到孩子的妈妈，她憔悴无助，毕竟他们都是无辜的人。

里约去公安局报了案，说明了当年的盗窃案件，和这起稀里糊涂所谓的“绑架案”，并阐明了男人的重婚事实。所以，才有了前面发生的一切。

里约告诉麻团，谁都有该为自己而活的机会，有些毫无意义的坚持，只会毁掉自己得来不易的人生。麻团若有所思地看着透亮的大理石地板，忽然就清醒了。生命短暂得如烟花的瞬间，在夺目的光芒里，不遗余力地绽放，才会让时光变成潋滟的永恒的记忆。而她的记忆里，全部都是遗憾。

综述

风骨是女人的脊柱，支撑着一个女人做出人生判断。性格太强硬，容易误入歧途，性格太懦弱，又总是会任人宰割。虽然人性本善，可一旦恶起来，又是没有底线的。为他人活着，会失去自我。为自我活着，才会走入正常的人生轨迹。“女汉子”的风骨是穿越世俗偏见的利刃。有了风骨，心中便有了量尺。

第七章 你总是想的太多，所以忧伤

当一个人选择用四十五度角仰望天空的时候，便选择了对这个世界的否定。忧伤是一种情怀，是对现实的无奈。没办法，我们的际遇注定是由很多无可奈何的结局构成的，却总不能用眼泪清洗伤口。如果选择做一条“女汉子”，那么，请忘却暂时的痛苦，因为所有的痛苦都是暂时的。我们清醒的时间有限，有限的是痛苦，无限的是希望。

PART ONE

简简单单的生活最快乐

不知道有多少人渴望简单而缓慢的生活，可以随心所欲把脚步放缓，把活着的时间拉长。

可惜，生活在都市的上班族本身就意味着失去自由支配时间的权利。快节奏冲击着人的心理和情绪，于是，大家越来越暴躁，想得到的东西越来越多。

仿佛只有物质的丰富才能填满心中的空虚和失落，以及矫揉造作的寂寞。往往，人心的复杂伴随着生活的复杂。

想要得到的越多，失去的也就越多。

在不断失去中，所谓的快乐和幸福成为当下消费不起的奢侈品。

我曾经以为，富足的生活是幸福，有饭吃，有衣服穿，有一个地方安置自己就是快乐。

后来，在颠沛流离中，发现安定是幸福。对于自己没有的东西，拥有就是快乐。

可是，有多少人又能明白，拥有不过是平复心情的激素，短暂的得意之后，是长久的空虚。

从那时开始，我明白命运是无处不在的。而人的命运岂是一个凡夫俗子能理解的。

我只有接受，欣然地逆来顺受。

说起来容易，做起来如翻山越岭般艰难。

人有欲望在所难免，不然不会造就众生迥然不同的命运。

有贫穷，有贵胄，有奇葩，有怪咖……各种人物粉墨登场，汇成我们的生活。曾有人跟我说过她的愿望，她想活在人烟稀少的农村，春夏秋冬四季分明，有间小屋，可以不必华丽，门前有篱笆围成的围栏，围栏里活跃着鸡鸭，吃着自己种植的瓜果，白天看日出，晚上看星辰，下雨的时候听雨声，下雪的时候看雪景。在自然中简单地生活，无欲无求，不奋斗，亦不承受生活给予的苦。这看似简单的生活，对于大多数都市人基本属于奢望。

数日前，我去北方的一座小城，那里以忙碌和富裕著称，映入眼帘的景象，都是忙碌得像陀螺一样的身影。

大家都被生存感和危机感束缚着，没有人可以真正做到置身事外，享受隐者的人生。第一时间，我的脑海浮现出一个描绘当下人们的词汇，蝼蚁！我不过也是其中一只，身体疲于奔命，内心却渴望恬淡致远。

心，似一夕忽老。

没有经历过沧海桑田的年轻姑娘，大抵难以理解这种情愫。

就如 Cindy 一样年轻的她，要的不仅仅是一个爱她的男人，她还要整个世界。

她觉得她该享有“女王”般的生活，二十几岁，出入高档酒店，每天健身、按摩和做SPA，时不时出国旅行，她从十几岁开始，家道早已中落。

为维系这一庞大开支，做了某建筑商的情人。她被包养的同时，她那么地渴望爱情。在旅行中，邂逅一青年白领，男孩对她的背景一点都不知情，两人就谈起了恋爱。她以为这件事隐藏得很好，持续半年的时间，男孩子发觉异样。

这时，Cindy对他产生很强的依赖。此时，建筑商也觉察到她的背叛。建筑商警告她，要断绝金援。可她又不忍心抛弃高质量的生活。

思来想去，她做出大胆的举动。她挖空心思地盗取了建筑商的巨额工程款，因为她太了解建筑商的习惯，她认为这是她应得的补偿，建筑商不会为这点小钱报警。她准备和年轻白领双宿双飞的时候，警察找到她。她为自己辩护，请求建筑商的原谅，建筑商恨她的欺骗，根本不给她机会。

年轻男白领见此结局，弃她而去。

她为她的贪心收获了恶果，一生都难以清洗的污垢。

直到Cindy失去自由时，才获知自由的珍贵。贫穷和富贵在自由面前，失去力道。

或许，她应该像个正常女孩一样，即使没有殷实的家庭背景，也不贪恋虚浮的繁华。

二十岁时享受清贫，三十岁时享受辛苦，四十岁享受儿女绕膝的家庭生活……

恋爱的时候就去恋爱，失恋的时候也没有什么大不了。

有钱的时候享受有钱的生活，没钱的时候努力赚钱。

经历所有给予的经历，不去劳心费力地勾勒海市蜃楼。

这才是人生的智慧，这才是所谓的真正的简单人生。

没有太多处心积虑的贪婪，没有过度的自我膨胀，没有得意忘形的怨怼……

我想，不管是做为“女汉子”，还是做为一个人，都是需要这点觉悟的。如果没有这样的觉悟，生活恐怕会纠结成一团乱麻。

在这物欲横流的时期，能把简单的日子过得复杂是愚笨，能把复杂的日子过得简单是本事，复杂会引来痛苦，面对痛苦，你做好迎接它的准备了吗？

PART TWO

你制造了痛苦的自己

在这个社会上，我们每走一步，都要被控制和记录。

任意妄为的行为，总会受到惩罚，直到从麻木的生活中苏醒，一切凌驾于道德之上的追逐都是泡影。

在漫不经心的岁月中，活着的人产生了痛苦。

这好像一个解不开的魔咒，诅咒着人类的一生。佛教谈到痛苦的根源，离不开妄想、执着与分别心。

妄想，是针对得不到和已失去的痴心。执着，是对妄想的纠缠。分别心，是横亘在妄想和执着之间的一道独木桥，给人自以为是的所有想要的可能。这道理看起来深奥繁琐，实则只是出于一心。无论灾祸，还是灾祸带来的痛苦，都是内心对自己的诠释。

能刺伤自己的，能让自己陷入痛苦的，多源于自己。

其实，自己才是自己的绊脚石。这是我行走多年留意下来的故事，每一个故事的背后，都写满痛苦的回忆。

1. 不能原谅的过去

她这样形容自己，一只好奇的笼中仓鼠，喜欢看外面的世界，但又满怀恐惧，于是，总是不甘心地探头探脑地向外张望，总希望有那么一瞬间，让它捕捉到奇迹。为了压抑那些叛逆的欲望，它需要不停地努力奔跑，才不至于让生活枯燥到死亡。

她叫 Rabbit，她不喜欢旅行，但是却让自己始终行走在路上。

她把长发随意盘起，披着颜色奇异的披肩，穿着平底鞋或者泡沫拖鞋行走在各个国家的土地上。所到之处，她都会留下一些影像和文字做为怀念。遇上喜欢的地方，便会多待上几日。

偶尔，也会重游故地，小憩几日再重整待发。

她的背包里，总会装着各国的地图，唯独没有她自己所在城市的地图。她有家，却不想回那个家。她体会不到父母的爱，他们总是来去匆匆，满脑子的生意经。其实，她不缺钱，父母总会按时往她的卡里打很多钱，大概多少钱，什么时候到帐，不用相互告知，都心照不宣。

她和父母的电话，打来打去，也超不过五分钟，超过时间，大家也是不欢而散。她想，既然这样，何必呢，不如清清静静地游走。那么多年，她很少给父母买东西，在她的意识里，父母是不需要廉价商品的。

那一年的夏天，她路过香港，不幸得了一场热伤风，而更不幸的是，她身上的钱所剩无几，钱包被偷。银行卡虽然还在，账户里的钱也寥寥无几。她父母连续两个月没有寄钱给她了。

她想，他们大概是想用这种方法逼她回国。算一算，她已经有三年没见他们了。她寄住在一家小旅馆中等待痊愈，老板娘一家是八十年代移民到香港的福建人。

她有个女儿，才二十岁，生的珠圆玉润，煞是娇媚。

她总是有理由让女儿待在家里不出去。

她们吵架，相互埋怨。Rabbit 问老板娘，为何要这样对待自己的女儿呢，为什么不多一点疼爱，让她感到温暖？老板娘吃惊地望着她说道，天下的哪一个父母不疼爱自己的女儿呢！我们活着一天，就会爱她一天，可是我们爱她，并不代表将来所有人都会爱她。父母越爱孩子越单纯，将来有一天越容易受到欺骗和伤害。不管我们给孩子哪一种对待，都是爱的一种方式。等到我们不在了，她还能独立坚强地活下去，不至于太想念。

那一晚，老板娘给她端来当地治疗热伤风的汤药。

她仿佛看到了母亲在朝着她微笑。

第二天一早，她给父母电话，准备启程回国，同时，她说了钱包被盗的事情，让父母给邮寄一些钱来。直到那天的傍晚，钱才到帐。她谢过了老板娘，起身回国。父母明显老迈了，他颤巍巍地手持拐杖，已两鬓斑白。母亲的牙齿也脱得厉害。家里的大房子没了，公司没了。

在金融危机来临的时候，父母破产。受不了这样的刺激，父亲突发脑淤血偏瘫。休养了大半年，才勉强能行走。那已经是一年前的事情，为了保障她的生活，父母依旧按时寄钱，直到再也拿不出那么钱为止。又怕她担心，便也没有告诉她实情。

她推开阴暗潮湿的新家，满屋子都是她邮寄回来的“战利品”，很多东西早已经过期。她麻木的挥霍蜕变成痛苦的自责。而且时间越久，痛苦愈历久弥新。她这一辈子，都会愧疚自己的自私行径。

人是从不懂事开始慢慢懂事的，愧疚给予人痛苦，给予人新生。人不可能一辈子做对的事，总会有大大小小的无形无意的错发生，发生的，就让它发生，就让它随着时间埋葬。

这样的痛苦是激励，不需要永远都记得，只要在当下能做到无愧于心，便是善良。

这是女人要蜕变成“女汉子”需要谨记的一点。

2. 女人需要一种豁达的心境

把别人给的伤，原封不动地还给对方。

苏小姐和男友恋爱十二年，十二年的相守本不是件容易的事情。两人未婚同居，苏小姐不但付出青春，还为男友育有一女。她苦苦等待他们的婚姻，可她没有料到，男友用蹩脚的理由提出分手，说自己患上不治之症，她把积蓄都交给他，说不介意。男友还是以最快的速度逃离她身边。

不久，他迅速与一个年轻漂亮的姑娘订婚。故事的版本像极了德普和前女友糟心的感情。用最好的时光等来一个不般配的结局，苏小姐快气疯了。

她痛苦地想，既然自己不好过，也不会让对方好过。那么，就用彼此的人生换取彼此的痛苦。她决定复仇。她给各大媒体发邮件，讲述自己不幸的遭遇，曝光男友的身份。她半夜睡不着，跑到男友家摔东西。男友不开门，她歇斯底里地在门口大喊大叫。其情景，又仿佛《罗丹的情人》中的卡蜜儿，她需要为自己多年不甘心的付出找一个发泄的出口，她们选择同一种方式作贱自己。

以为这样做，就能让男人感到痛苦。她痛打自己的女儿，让女儿去找她的父亲。女儿走了，她又心心念念，不肯罢休。在欲罢不能的痛苦中，她失去自我，痛苦占据她的心灵。

这种她不能过好，也不能让他过好的心态，毁掉的不是别人的幸福，而是自己的幸福。偏激的执着心，一意孤行地在痛苦中徘徊。无疑是以卵击石，男人的幸福，不是女人能毁掉的。在得不到的时候，要坚信自己能过得更好。

女人也需要一种豁达的心境，不仅在对待他人的问题上。重要的是，这世上没有不可治愈的伤痛，只有顽固的执着。

3. 不满足于现状

这种状态类似“菟丝子”小姐和“菟丝子”先生，自己不够努力，靠依附他人而活，内心竟时常不安不满，虚荣心不断作祟，希望身边的人一直能给予自己最好的。

一旦出现难以解决的问题，以逃避作为生存方式。总觉得别人是累赘，不愿付出，不甘心付出。想轻而易举地生存，不承担任何责任。

馨也是这种女人，相亲闪婚，丈夫是工薪族，在一家工厂上班，每天朝九晚五地工作，一个月的薪水刚好够生活，她嫁给他的原因很简单，她多次恋爱都失败，甚至遇到的对象不是骗她，就是没有打算和她结婚。已经熬成剩女的她，见他对她很好，便结了婚。

婚后，她很痛苦，觉得事事不如意，没钱，没未来，她觉得什么希望都没有。她好像是瞎子，看不到当下。她怀孕、生子，不久得了产后抑郁症。看到孩子哭，她心烦，看到丈夫，她心烦。她有种越活越晦暗的空虚，日子焦灼地过不下去。

她把丈夫和从前的男人进行比较，她的梦想幻灭，心情沮丧。

在破裂的情感世界里，受伤的人不会只有自己，只是彼此没有好好反思，何时曾冒犯了对方，刺痛了对方的尊严，分手之际，就是对个人思想成长发育的最好时刻，与其让怨恨充斥心灵，不如感谢对方的放手，让你不需要再在这段不愉快的感情中受到煎熬，让你去寻找你的 Mr.right。在女性单方面的认知下，认为这样的男人都是负心汉，即便他是，因为爱过，慈悲过，才不能这样伤害自己，让痛苦延续地烹煮内心的寂寞。

这种痛苦是对自我认知的错误判断，是希望幻灭的后遗症。我一直说，弱者的痛苦会放大，强者的痛苦会被压制和转化。而强者更趋于主动，弱者更趋于被动。

当然，千种人生，千种苦闷。

痛苦有时候来自微小的事件对心灵的刺激，不过，大部分人的痛苦还是来自内心对自我的否定。

生活不计较你是哪一种人，关键还是看你自己，如何对待自己和周围的人。

善待，不是一句空话，是切实的做法，你需要变成可以依靠的人，而不是一无所有的同时，还要纠结自己和别人的人生。总觉得别人都该负担你的人生，把自己的位置摆放在所有人之上。

这必然会痛苦！

这样的痛苦，是作茧自缚的痛苦。

虽然，我们总会遇到不顺心的麻烦，有的是来自他人给我们制造的麻烦，有的是自己给自己制造的不愉快。

最后，需要消化掉这些负能量的人，依旧是我们自己。痛苦是自我的专属品，你觉得它存在，它便是凌迟。

你觉得它不存在，它便是孤独中的一叶扁舟。

对于解放后的 OPEN 女人来说，强化承受力和适应力是当务之急。因为我们已经和男人站在同一起跑线开始我们繁重的人生。

所以，“女汉子”才成为这个社会的主流和常态。在与男性和同性的竞争中，难免会出现心理上的失衡，谁都不能保证天空永远没有乌云。

试着把所有不幸和不公看淡，尤其是自己的感受。

PART THREE

坦然接受挫败

这世上什么最难?

不是讨生活，不是背负重压！是从膨胀的自我中抽离起来，能接受自己所造成的所有挫败。

年轻的姑娘，叛逆、毫不吝惜地对抗周遭环境。

亲人也好，朋友也好，都统统不在话下。以为离经叛道可以让自己顶天立地，做一番大事。

于是，不知深浅地去闯世界。别人说什么，信什么。认为外面的世界精彩又有趣，甚至遇到骗子把自己卖了，还要替他热情地数钱。那时候不懂天高地厚，酿成一个接着一个的打击。

比如说，小时候信任的朋友，你把道听途说的八卦讲给她，告诉她不要告诉当事人。她答应你，转头把你出卖。你在众目睽睽之下接受别人的审判，你以为她会跳出来为你辩解。可她若无其事的样子，分明是站在对方一边的。你在咸湿的夜晚哭泣，觉得朋友挫伤了你的心。慢慢长大，你想要的，却得不到。你问自己，凭什么我想要的，就一定不属于我。你要父母买给你，父母告诉你，他们没有多余的钱去供你挥霍，然后你用不吃不喝要挟爱你的人……

有很多事，随着时间的推移成为浮光，那样的浮光却照耀着过去的自己。

以为自己什么都可以，可以一个人生活，可以一个人创造世界。

当世界变得越来越虚构，自己越不了解自己的能量。想赚大钱，想让自己和家人过上好的日子。一步步走向社会，从推销开始，不断碰钉子。

你希望你推销的产品能变成你的希望，被一次次地拒绝之后，你才明白，哦！原来现实的面具之下竟是一张狰狞的脸。只有那一刻，才会在挫败之下清醒。自己需要何种改变，来丰满自我的羽翼。

对我而言，挫败成就人生。

真正能接受挫败的人，才会有属于自己的道路。

因为，能从挫败找到自我价值，能了解自己到底可以扮演什么样的角色。“女汉子”也不能逃脱这样的命运。

之所以能华丽变身，大抵是从一路辛苦走来的。

女人不仅要在红尘中打滚，且一粥一饭都要自己搞定。女推销员、女业务、女经理、女公关……在竞争激烈的行业，靠厮杀博弈换来的成绩，没有人例外，可以顺顺利利地获取收入囊中的一切。

人能容得下多大的挫败，便能匹配多大的成就。

一位女明星，因为得罪权势超大的帮派，被人掳走，后果可想而知。有人觉得这是她人生中不可抹杀的污点。认为她可能一蹶不振，从此隐没江湖。

谁知，她坦然地走入公众视线。用自己的行动证明，女人可以选择坚强。面对质疑的落井下石，她说，可以无视那些人的讥讽。就算自己洗不掉污浊，时间自然会替她洗掉。

没有人能逃过注定的安排。这些安排有其玄妙的寓意。

可以把它当作人生的一场测验。

有些姑娘，因为一点点委屈，便寻死觅活。何处是尽头？一切都不那么重要，关键是只要你还在，没什么可以真的在乎。

有时候，有些际遇，如果你不在乎，你就赢了。既然是人生，好的，坏的，顺利的，不顺利的。逆境，顺境。人生的五味杂陈都要接受。

不管是哪一座城市，不管是哪一种人，不管是哪一种年纪，在有生之年，都会遭遇到别人的拒绝和排斥。

女人呢，“女汉子”呢？

当然一样。

挫败不会因为你是女性，就会特殊待遇。

有时候，走在街上，看着行色匆匆的人们，会想到“麦兜”的世界。

他单纯乐观，资质平平，却有很多梦想，希望、失望，希望、失望……一个接着一个，都是失败。他的世界和我们的世界没什么不同，像我们每一个人。一样是讨生活，一样是背负着很多人的期望在奔忙，在寻找自己存在这个世界的位置。

社会开放，女性走出家庭是一种进步。

随着这种开放，女性和男性成为职场上的竞争对手，少了家庭与男性的庇护。生存危机同样困扰着女性。会感到灰心，正常！会感到累，正常！会有挫败感，也正常！

但是，不要因为种种挫败便放弃自我。

我常常用这样的方式鼓舞自己，你或许傻，或许笨，或许慢半拍。甚至，在人生的追求中屡屡尝试失败。但是，你一定要顺其自然，为希望喜悦，为失望鼓掌。

PART FOUR

欲望无止境，知足常乐

“女汉子”心理上的强悍，是为了应对命运上的不公。

倘有一日，面临天灾人祸，可以不被轻易打倒。这是其一。其二，能净化内心对名利的狂热追求。“祸莫大于不知足”，女人一旦有了无休无止的欲望，便容易步入歧途。

何谓“歧途”？歧途是再也回不到的原点。

有一种深渊叫做人心。

想拥有和他人对等的东西，是很正常的事情。只不过，大家的起点并不相同，有人是叼着“银之匙”出生的。

一出生，便领先于其他人，可以不费心力地拥有很多东西。像我们这种普通人家的姑娘，有时候拼尽全力未必能得到别人唾手可得的东西。比如拥有一辆汽车，一支名贵的口红，一个家世良好的好男人，一切都看似遥遥无期。

或许拼尽全力也未必能获得。

这就是人和人之间的差别，世界存在不公平的平衡，就看个人行走的印记是否能符合自身命运的走向。当然，人无法选择出身。如果因为出身卑微，便无休无止唯利是图，那就是歧途。如果自幼家境殷实，挥霍无度，那就是歧途。

一个渴望过更好生活的姑娘，本来这种意愿不是可耻的。

这是一个普通人最普通的愿望。我曾接触过这样一个姑娘，她叫米娜。米娜原本有个幸福的家庭。夫妻二人都是工薪阶层，钱赚得不多，却能温饱。

她的娘家比较拮据，米娜隔三岔五要接济自己的父母。老公虽然没有意见，公婆却很不满。米娜是个要强又孝顺的姑娘。她索性辞职，下海经商。几番沉浮，做生意发了财。当生活品质提高后，她发现和丈夫的差距在拉大。她希望丈夫的举止行为能符合现在的身价。

不仅如此，她对曾经刁难过自己的公婆予以反击。丈夫一家人为配合她的步伐，吃尽苦头。生意越做越大，她的野心也越来越大，丈夫无法适应奢靡的生活，和她分居。

公婆也对她彻底冷淡下去。她问智者，从前是因为钱太少，他们忌惮她。当钱多了，他们为什么还是不满意？那智者答，钱不是罪魁祸首，只是推波助澜的工具。最难以琢磨的是人心，最难对付的是自己的心。

因为这颗心随时想吞噬与自己作对的人，有些人的野心是用来对付别人的武器，有些人的欲望是想摧毁过去。

最终实现自我重塑的毕竟是少数，是运气好，懂得取舍，又够努力的人。大多数人追求不切实际的梦，往往欲火焚身。就像一些“作女”，对身边的亲人五花大绑，不给一点自由。

为满足自己的需求，强逼他人去做有违常规的事情。看新闻报道，常有男子去抢劫伤人，只为博得女友欢心。这样的罪孽是欲望驱使而生的。

来自欲望，归于欲望。

从哪里开始，就从哪里结束。

中国有句谚语，叫做“命里有时终须有，命里无时莫强求”。

能知足常乐的人，未尝不是拥有大智慧的人。尤其是女人，能了解这一点，就能拥有足够的快乐和幸福。

我有位很激进的友人，人是聪明绝顶。

她邂逅了一男子，很想让他成为自己的男友，成为自己的丈夫。

为了这个男人，她不但对自己精雕细琢，甚至连三十六计都用上了。还不错，他接受了她。可惜，他们谈了一年左右的时间，还是以分手作为结尾。

她说，因为她肆无忌惮地大胆追求，导致她在他心里留下阴影，认为她对哪个男人都是如此。而她呢？

因为得到了垂涎已久的猎物，她放松警惕，她对他的呵护明显不如从前。他也觉得自动走过来的爱情并不高贵，两人对彼此的期待有不小的落差，且都属于不容易满足的人。

感情自然无法抵挡来外的诱惑。

与此相反，幸福的平淡贯穿整个家庭、懂得珍惜的女人，会和自己的爱人努力经营自己的家庭，当到达某种程度之时，她会停下来，等一等家人，一起享受生活。

如果是家人走得太快，她会一边追赶，一边提醒对方，家庭比任何东西都要贵重。女人在家庭和社会中起着重要的作用，安定是一个聪明女人最终要寻求的庇护所。

这个安定来自男人和自我。有一个好男人，是一生的归宿。有一个内心静谧的自己，是幸福的源头。

我所期待成为的“女汉子”，不是个性有多强悍，亦不是对欲望追求有多固执。而是，能在人生的十字路口，知道“红灯停，绿灯行”，做一个有分寸，懂得感恩的姑娘。

PART FIVE

放得下，才能拿得起

“女汉子”也有放不下的时候。

十年之前，是故事的开始。十年之后的某一日，他们再度重逢，她才如梦方醒，心中惊涛骇浪，五雷轰顶都不能形容她的震惊。

我认识的她，果断，风趣，内心浪漫，只是有时不懂表达自己的情绪。我知道她的人生不那么顺遂，三十三岁仍待嫁阁中。她之所以没有婚嫁，是难以走出那个男人给她的阴影。他们相识于一场变故中，他大她十几岁。彼时，她年轻得近乎草率。

他帮她渡过难关，她无以为报，以身相许。看似复杂又老套的两性关系，其实蕴含着她对他直白的爱慕。

在一起后的两个人，由于年龄差的缘故，两人性格反差极大，男人爱嫉妒，以折磨她为快乐。她对她的爱隐藏在心底，他总是希望她能表露，她却觉得，既然都在一起了，肯定是因为爱着的缘故。他会为一丁点小事和她找茬吵架，目的是想掠夺她的爱。

最后，她忍不下，逃离他的身边。

十年间，她谈过恋爱，却没有一个像样的爱人。辗转间，十年如烟波浩淼的云雾，一朝一夕把时间吹散。

她回到故乡，终于在故乡的土地上扎根。

她也曾幻想过，或许有一天会再遇到他。她以为，她会看到一副老去的容颜和衰败的身躯。可惜，事与愿违。

他们在同一座城市相遇，她那天穿着邋遢的衣服，顶着一头乱发，睡眼惺忪地走进银行去办事。于是，她瞥见他惊讶的目光。

他认出她，她也认出了他。

四目相对，往事轰隆隆炸开一道记忆的裂缝。她想起他们在一起的时光，尤其是不快乐的时光。她的落魄和他的意气风发形成鲜明的对比。

当她意识到自己的处境，她慌了！

她避开他直视的目光以及跃跃欲试的神情。

她落荒而逃，头也不敢回，一路小跑奔出很远。

他倜傥、潇洒，时间没有在他的脸上留下痕迹。

倒是她自己和过去的光鲜反差极大。她百感交集，几日都不能平静。

她向好友们诉说这段诡异的相遇。她们判断，她还爱着那个人。她仔细琢磨朋友们的话，虽然不是一击即中，虽然她从没想过她是否还爱着那个人？可那次的邂逅，解开她心中的心结，她的心中一直为他留着一个位置。不管他过去曾多恶狠狠地伤害过她，事隔多年，她好像并不计较。但是，她清醒地知道，他们已经再无可能。

这就是她的故事，一段情搁置在心里，恋着、依赖着、恐惧着。

浪费了自己大好的年华，更耽误了本该享有幸福的人生。

那些固执的恋恋不舍，绑架着自由的心灵。

其实，过去的，就过去了。放不下过去，便不能赢得未来。

窝心的，伤心的，所有不利于当下的负面能量，不需要一并背负。

人总是要向前看，如果一个人对一生所发生的不幸总是念念不忘，不仅不幸会接踵而至，这样的人生过得也太沉重了些。

这便是女人的蛊，常困于感情，受挫于脆弱。放不下，是真脆弱！

不管是感情，还是其他的经历。挫败是家常便饭，被人拒绝，这种事情会时有发生。作为一个普通人，能处理这种事的能量有限，既然是身不由己，无可奈何，不如听之任之。

我处理的方式很简单，睡一觉，一切烟消云散。明天依旧是艳阳天，自己依旧过着生龙活虎的生活。

太阳不会因为你的纠结就改变升起的方向。

不断地获取新世界的认知，生命才不会枯萎。

信奉这个理念，就是一位地道“女汉子”。如今，她已经成为电视名人，她亦是传奇。自己赤手空拳闯天下，遇到很多人，她爱过别人，别人也爱过她。

她为那些爱受伤过，也伤害过别人。不过，她是个很果决的女人，每一段感情的结束，她都告诉自己，放下！每一场竞争失利，她也会告诉自己，没什么，更好的事情在后头。

放一放，自然会好起来。

她妥协于当时自己做不到的事情。但是却持续不断地努力，她相信总有一天，自己会强大起来，能做到过去所不能的事情，能得到过去所得不到的东西。她不断放下失望，不断扛起新的希望。斗转星移，时间做了最好的见证人。她家庭事业双丰收，成为一个行业的典范。

她说，女人就应该像男人那样“拿得起”，也能“放得下”。

如果磨磨蹭蹭地不忍心和过去说再见，那永远都看不到美好的事物，美好的婚姻，美好的家庭，统统都不属于你。如果磨磨蹭蹭地不和肥肉说再见。那么就别期待自己有好身材。如果磨磨蹭蹭地做事业，那么，总有一天你被后来者超越。

大浪淘沙，磨磨蹭蹭地消化痛苦，那么，迟早会让痛苦吞噬掉自己。凭什么要眼睁睁看着别人幸福和成功？女人就该主动掌控自我的未来。一段感情，用十年都消化不掉，这不能说明她的恋旧是多情。这样的恋旧是彻头彻尾的自我葬送。

没有人会因为自毁而博得他人的同情。反之，即便赢得诸多同情，于自己，也是无用的。与其兴师动众地折磨自己，不如力所能及地拿起属于自己的责任和未来。

把该遗忘的遗忘，把该属于自己的美好争取握在手中。不仅是对“女汉子”而言，只要是女人，都应该挺起胸膛，堂堂正正地过属于自己的好生活。

PART SIX

走捷径，更容易栽跟头

几年前，闺蜜跟我聊起，哪个姑娘发财了，哪个朋友升官了，哪个见过面的女孩子成了明星。

发财的姑娘年纪轻轻，白手起家，身家上千万。

听说，她身边有资助她的男人，升官的朋友和某位领导走得很近。

女明星之前只是普通医学院的女学生，认识制片之后，才有了星途。

这一切看起来都挺正常。唯独不正常的是人的逆向思维。她是怎么发迹的，她真的是没偷没抢，凭着自己的本事走出去的吗？猎奇的阴暗小心理作祟也属于正常。

就像一个月工资只有两千块的单身姑娘突然买了一套五十万的住房一样。没有家庭的支援，没有婚姻做后盾，只靠着自己艰苦朴素的节省，何来那么多钱？这种算数题连小学生都算得出。如果没有中大奖，这种钱的来路有待商榷。

有人觉得，笑贫不笑娼。

以金钱为信仰的人，灵魂到底有多少浮沤，能禁得住欲望的摧毁?

后来，闺蜜再度谈起几年前的话题。她说，发财的姑娘跑到国外，因为包养她的人被双规。她的财产冻结，自己赤手空拳地到国外继续打拼。

我问，她为何不在国内奋斗呢？闺蜜答，当然是没脸！继续说升官的那位，她被领导潜规则，正应了那句俗语，若要人不知，除非己莫为。她的事情被渲染成小说，人尽皆知。

男友和她说拜拜。家人觉得丢人，都和她断绝了关系。

她战战兢兢地当小三当了很多年，一直都没有转正。

事到如今，已年老色衰，小三的生涯也到尾声。

那个靠制片飞黄腾达起来的小明星，没折腾两年便消声灭迹。不堪忍受冷遇，又习惯声色犬马的日子，只好跑去酒吧当坐台小姐求财求机会。人生大半的光阴，被这样挥霍毁掉，可惜又可恨。她们似乎忘了，不义之财似流水的至理名言。

最近，我接触到一些九零后的女孩。

这些女孩处在社会边缘地带。如浮游生物，既不能努力奋斗，也不能踏实地生活。她们比“菟丝子”小姐更悲戚，靠榨取男人的钱财来生活，类似外围女，靠陪酒吃饭打麻将取乐赚皮肉钱，她们出言既有语不惊人死不休的豪迈，又有身在江湖的老气横秋。

有个姑娘年仅二十岁，化名潘潘，她早年辍学，她觉得只知道学习的人太没出息。比起上学，她更喜欢社会。高兴的时候发泄，不高兴的时候也发泄。她能随心所欲地支配青春和时间，不受管束。这种自由给予她无比的热情。她要游戏人间，做自己命运的主宰。

她从男人身上骗来大笔钱财，有钱她便挥霍。没钱，她便盯住男人的口袋，做局来陷害对方，迫使对方拿出钱财免灾。

这种骗术屡试不爽。被她坑害的男人不少。她算准有些男人为自保一定不会把事情闹大。于是，她加大赌注。可事情败露，她使得对方的人生变得很悲惨。被害的男人不依不饶，一直纠缠她。

终有一日，他把她堵在宾馆，把她打伤。天理循环，因果报应。以为不会栽跟头的地方，最容易栽跟头。人心岂可沦为害人的算计！怕吃苦怎么行？靠谋害他人而活的行为，更不可取。

人从母体脱离开始，便注定为吃苦而来。

吃苦是去苦，享福是消福。

人人都想往上爬，可金字塔的顶端能容纳多少人？尤其是女人，再能干，有时候还是要依附男人。不管是感情上，还是物质上的。

一个家庭，是以男性为主干，女性为枝桠。那些喧宾夺主的举动，那些投机取巧的行为，亦或以坑害他人获取利益的事情，是不宜做的。

就像我前面所说，二十岁的女孩，就该像二十岁。可以学习，可以恋爱，单纯一点，善良一点。三十岁的女人，就该像三十岁，可以居家做主妇，可以做女强人。包容一点，乐观一点。四十岁，就该有四十岁的风度……

不管哪一个年龄段，都应该活得磊落，别心存恶念，把自己葬送在自己的脚下。我们每个人，来到这世上，虽然是在完成各自的人生，希望所见所闻，皆是正见。在我的心中，希望如此而已。

有一条路，走起来或许会很艰辛，可能会流血流汗，还换不到想要的生活。

看着别人住在华屋美厦，纵使心有不甘，也不会走捷径。这是属于我的理念，也是我正在走的一条没有折扣的路。

没有亏欠，没有良心不安，君子般坦荡。人各有所求，有人求财，有人求长命百岁，有人求子孙亨达，有人求的是无愧于心。

至少，在某年某月的某一天，垂暮之时，回想起自己走过的人生，能少一点忏悔，少一点对这个世界的亏欠。

做一个不被自己鄙视的人。

LIFE CASE

所有不幸，原来都是自找的

晓六的青春是把大铁锹，在时间的怂恿下挖开了一条沟。

她十八的时候，听黄舒骏的歌，穿着潮酷的喇叭裤，宽大的蝙蝠衫，带着波西米亚风格的大耳环，涂着雪白的粉，四处招摇着。她和男孩子打成一片，就在这种青春中抽长。她是邻居眼中的疯丫头，是父母眼中的调皮孩子，十九岁半她就自己找了个男人嫁了。

她风风火火地结婚，结果以仓促离婚收场。

离婚那年，她才二十一岁，她的男人三十岁。他们在一起玩腻了，疯够了，无聊透顶。男人就说，离婚吧！她较着劲儿，离婚就离婚，谁离开谁不是活着！真的离完婚，她后悔了。她哭着喊着要回来，男人已经容不下她半张床的位置了。男人是极其固执的，一旦做了决定，就不会回头。其实，她要的不多，只要男人陪在身边，不出去拈花惹草就好。真应了那句话，想什么，没什么。

晓六的爱，在随后的几年里被蹂躏被伤害，次数多了，便对男人不抱希望。她甚至开始害怕起男人来，害怕他们对她突然俯首贴耳，她总觉得那是不怀好意的献殷勤。

年纪越大，她对男人的胆怯越深，她在孤独中筛选着男人。年轻一去不复返，那些叛逆的心也变得无比陌生。她明白作为一个女人，如果要找优秀的男人，就要守得住寂寞，随便他花天酒地。

蹉跎数年后，晓六依旧单身。

感情并不是降低门槛就能招之即来的东西。在这几年中，晓六有了深层次的体会。找男人，可以三不计，就是不计较相貌，不计较年龄，不计较家世。唯一计较的一点，男人要顾家。她害怕寂寞，他要尽量抽时间陪着她。这就是她的退而求其次。

她戏称自己成了单边女人，急需一个严丝合缝的男人来填补她的生活。做了单边女人的晓六，从娇滴滴的少妇蜕变成了干练的商场女强人。她天生精明，善于算计。很多人都笑她，像她这样的女人，根本就捆绑不住男人，男人都害怕自己的女人洞穿他们的一切。

晓六活得就像一面镜子，明澈了自己，也参透了他人。

有一回在饭局上，她遇到了前夫，他春风得意，肘旁挽着青涩的小情人，他奚落她，说他们结婚两年，她只会在床上等着他，什么都不会做，什么都做不好。当时，她曾想要个孩子解闷，他却说，有了孩子，就没了身材和爱情。她是愚钝的，相信着他的谎言。他却夜夜笙歌，朝朝买醉。她庆幸那场婚姻像沙子一样散掉，不然，她面对着如今的他，更觉得可怕。

她清晰地记得分手时，他笑着调侃她。好男人都是鹰，烂男人才是鸡。鹰能为你涉猎，鸡却要你添粮。任何一个女人，都不甘心自己找一只家鸡。

自从那次邂逅之后，晓六被刺激得六神无主。她索性真给自己找了一只家鸡，男人是通过朋友介绍的。据说他的老婆去世了，留给他一个病怏怏的孩子。晓六见他长得清秀斯文，于是两个人就交往起来。他住进了她的家。每天洗衣做饭，倒成了她的“煮夫”。

她每个月都给他固定的钱，起初他不要，晓六就强迫着交给他一张卡。人是总是要分清楚状况的。何况他是她养的男人。

有时她会有霎那的感动。生病的时候，看着他殷勤地送过汤饭，一勺一勺送进自己的口中。她问自己，这是不是她要找的男人。经验告诉她，女人一旦爱上某个男人，就不会再那样潇洒。痊愈后，她带着他去商场Shopping，遇到熟人的时侯，她无从介绍。他是什么呢，朋友，爱人，抑或保姆?

她正犹豫，男人开了口，他说他是她的属下。

当然是属下，他拿着她的工资，养活着他的小孩，几句暖心的问候，就能得到最实惠的东西。

晓六泪眼婆娑地望着他，猛然醒悟。她在拿自己的爱情赌气。他离开的那天，她送他到门口。其实，我只想要一些爱和关怀，晓六说。

男人拖着笨重的行李箱，笑了笑。本来就不平等，自从收了她的银行卡开始，他就把爱和关怀一同贩卖。如果抛开物质的束缚，她真的不是一个好情人。哪个男人会喜欢一个爱要挟别人的女人。晓六这才意识到，她曾经是怎样地对抗着寂寞，对抗着男人。她缠得他们喘不上气。自从他走后，晓六再也没有花钱找过男人，那些租来的热闹始终都不属于她。

可是，她还是怕寂寞。最后，晓六养了几只猫猫狗狗作伴。她偶尔会在街上看到他，他开了一座报刊亭，他的儿子很高。有时候，还会有个长得不那么好看的女人来陪他。

她看到女人把饭盒给他打开，帮他整理凌乱的头发，她的心一酸，就突兀地流下泪来。如果当初，他推开那些钱的时候，她不再坚持，或许今天她就不再是单边的女人。她摸摸口袋，幸好这些钱还在。

她终于从一个挥霍着青春的少女转变成了一个世俗的女人，在岁月的千锤百炼下，她定了型。虽然没有归属，她却剔除了恐惧。

有些事，急不来，也勉强不来。不如放低心情，等待着瓜熟蒂落的缘分。这样的缘分才不会在身体上狠狠地割掉一块血肉。

综述

顾影自怜，是女人最要不得的毛病。很多女孩子偏偏喜欢用不幸的外衣装扮自己的命运，永远都处在不满足，不知足的层面。“女汉子”不需要任何偏执的东西武装心灵，没有不满足，没有不知足，只有走走停停的闲庭信步。人生智慧不需要太多，只记住一样便可：随缘！

第八章 算计太多，容易疲累

女人的内心像一条随时可能翻滚起来的河流，愤怒和诡计会吞噬善良。当女人面对女人的时候，更敏感，更多心。我钟情那句话：火烧功德林。内心的火会摧毁所有脆弱，女人不需要背着一身尖锐的刺生活，前者伤害，后者防备，小心翼翼地把所有问题抵挡在安全范围之外。人是会累的，人心是会疲倦的，一切弊病来自内心失控的情绪。生命虽然不纯粹，却不需要太复杂太极端。“女汉子”的生命应该是这样的：或者豪放，或者单纯，或者包容，或者坦荡，或者真实……光明磊落，肝胆相照！尤其是对自己所爱的人，如果可以，请简单一点！

PART ONE

没有心机的女孩最可爱

女人喜欢的是男人的好。男人喜欢的是女人的纯真。

为什么大部分男人都会喜欢相对单纯的姑娘?

原因很简单，被女人看穿是一件特别恼火的事情。

女人太聪明，活得就太明白。男人无论做什么事，都瞒不过你的法眼。在你的眼睛里他是透明的。这种透明的感受会令男人难受。

所以，男人喜欢年轻，看似不谙世事的少女。女人成熟到精明并非好事。

大部分优质的“剩女”无疑透露出太多“报警”信息。男人恐慌女人阅历太深，太老练世故。

这时候，女人不仅仅要表现得能干，还要体现出内心的纯粹，这种纯粹不是装出来的，也不是演出来的。

有的姑娘认为，这社会处在“亚健康”状态，人人自危，恃强凌弱。

当你强大起来的时候，表面的溢美之词掩盖不了私下的嫉妒和憎恨。虽然看清人性的丑陋，却无法融入这种世俗生活。

这并不要紧，重点是你还是你自己，你需要一种近乎清澈的状态去生活。人不可能总是呆在阴影里，太阳不可能永远都躲在乌云的背后。

人性虽然有丑陋的一面，但也有其值得称赞的一面。

用最好的一面去生活，去对待身边的人，会等来一个值得等待的人，他会以同样的方式对待你。心机，有时候是把锋利的刀，锋芒太过，会吓跑那个适合你的人。

这样的一把刀，有藏起来的必要。男人真正喜欢的女人，一定不是心机太重的姑娘。

火爆荧屏的韩剧《来自星星的你》中，“二”到极致的女主人公，被众多人喜欢。

“女汉子”的能干和可爱并不冲突。偶尔的傻里傻气会为自己加分。

但不要总保持一种状态。我的“菟丝子”小姐的男人缘特别好，她很擅长装单纯。

三十多岁的女人，面对男人的时候，会呈现一种小女孩的状态，装傻充楞，逗男人开心，从来都不会逆着男人的心意，装可怜，装柔弱，装无辜，表演很精准，于是，男人们也乐得匍匐在她的石榴裙下。

其实，她的物欲很强，爱攀比，别人有的，她一定也要有。她学古筝也好，学钢琴也好，买大量的奢侈品也好，不仅是为迎合男人。还能提高自己接触男人的档次，以便从男人身上获取最大的价值。懦弱又聪明的一个女子，心机很容易被看穿。

男人们的爱意便会随着了解而消褪。

这也是她离婚后，身边男人如走马灯一样变换的原因。

人人都会变，不同的是有人在变好，有人在变坏。和她相反的一位闺蜜，骨子里是傻傻的，偏要装精明。她的坦白令人汗颜，有时候，一句话跳出来，就如“晴天霹雳”。别人所想的，她会一股脑倒出来。她个性直接，痛恨装傻。可她是真的单纯。

“菟丝子”小姐的结局大家早已经知道，离异、北漂、生活落魄。那位“傻气”的姑娘嫁了人，生了孩子，事业一帆风顺。

相比之下，“人算不如天算”的安排，应该是最合理的解释。

玩弄伎俩，迟早会露出破绽的，软弱的个性又不能担起责任，别说男人不喜欢，女人也不喜欢。“女汉子”就应该活得光明磊落，简单而可爱。生活又不是上演一场“宫心计”！而大部分男人没有几个能容忍“王熙凤”式的女子，能干，精明算计，手段毒辣。

这样的女子不容易掌控，亦不能了解其真心。男人会害怕，他会不会成为她的一粒棋子，或者是一级台阶。

所以，很多男人宁愿选择一个单纯傻气的姑娘结婚，不愿意靠近这样的女人。当然，做为女人，也不可能太直白。一张白纸是没有太大价值的。

男人们虽然不愿意找心计太深的女人，也不会找一个真正的傻子。只要不过分，御夫有术，女人的一些小心计小手段是可以为自己加分的。

比如说，你明明看他不开心，你装傻充楞逗他开心。你想给他买个贵重礼物，你骗他掏出口袋里的钱说给自己添衣服，然后你把礼物送给他，这样的小心计只会令他动容。

爱，是一种单纯单向能讨得自己欢心的付出。带着计算器的爱，只会让彼此感到疲倦。今天你多爱他一点，明天你便想要他多爱你一些，仿佛只有这样，才可以配得上自己的付出。计较之爱，无论走多久，最后的结局都是难以维系的。

那些嫁给如意郎君的“灰姑娘”，不是靠着样貌登堂入室的，而是靠着单纯可爱率真的性格吸引住对方的。

“女汉子”要想获得属于自己的真爱，就要把自己精明世故的一面，收一收，藏到外壳之内。

大智如愚，大巧若拙。

呈现本来的真心，不虚情假意，不掺杂愤世嫉俗的暴力，当一切自然地水到渠成之时，他同你一样，会把真心交给你。

PART TWO

勾心斗角，你累不累？

各种后宫戏码争斗得很热闹，每一部戏里都有一个敢爱敢恨的“女汉子”，她和那些嫉妒她的，排挤她的女人们争抢心爱的男人。

每到结局，胜利的女主角站在无人能及的顶峰，起舞弄清影。即使胜利，也不能填满内心的伤痕。

都说中国人爱斗来斗去，家人跟家人斗，同事跟同事斗争，婆媳斗法，姑嫂大战。好像有人的地方，就有阴谋诡计，似乎没有阴谋诡计，我们就活不下去。

俗话说，聪明反被聪明误。再精明的算计，也架不住命运的推波助澜。

我的一位旧交，自诩高大上，一说话，嘴舌仿佛涂了蜜糖，多谄媚之词。可骨子里两面三刀，属于善于计算之人。凡是和她交往过的人，无一幸免地吃亏。

涉及到自己的过往，她编造得天衣无缝，真实的情况，只有自己知道。仿佛整个世界，全部都是敌人，她深陷敌营，和每一个人周旋。她的家人，她的爱人，她的朋友，她的同事……

对她的家人，当然是她的父母和公婆，有时候父母做的令她不顺心，开始她倒不说什么。只是在适当的时候，比如父亲对母亲不满，她便跳出来对父亲说母亲不好。想用父亲来胁迫镇压母亲。等母亲对父母不满，她又添油加醋地讨伐父亲。然后在中间充当好人。

如果和公婆发生矛盾，她则跑回家对父母说公婆的不是。

双方误会加深，关系冷淡，她借此向双方讨便宜。

或许她的初衷并不是挑拨是非，但是当勾心斗角成为习惯，她不管对谁，都是用一个套路的坏心眼。

对爱人，她不断撒谎，背着老公去外地找网友偷情，并不断地讨要生活费，然后自己把钱存在银行。对朋友亦是，动不动就以吃不饱为由，向朋友借款。

从来没还过钱。同事更不是她的对手，她假装和同事关系很铁。

实际上，常跑到老板面前告黑状。同事无意说的一句话，她便会拿来做攻击对方的匕首。很多人都中了她的暗枪，她一面秀自己的善良，一面做伤天害理的勾当。

这还不算，向周围人隐瞒自己结婚生子的事实，让追求者们深度迷恋，为她打开方便之门。她已经到了把谎言当真话说的程度。可能是自己做太多缺德事，她认为每个人都如她一般，于是，她的防人之心更胜一筹，从来不和别人吐露心声，对自己拥有的一切占有欲很强。哪怕是她的追求者和她的朋友说两句话，她也跑过去恐吓对方不要招惹她的仰慕者。

她不会直来直往暴露出本心，以免被标上“蛇精病”“暴力狂”的标签。在长期的谎言和争斗中，她杜撰出一个美好而自恋的自己。

她觉得她就是那个样子。美丽、多情、忧郁，不可一世到与这个世界格格不入。她必须保护好这样的自己，可她常常生病，常常感到很累。

这样走下去的人生，怎么可能不累呢？思虑过多，最先伤己。每天要筹划如何从别人的身上获取好处占上风，如何才能不受一点点委屈。恨不得别人一句无心之言，她听到了，先是对号入座，然后要分析其中话里话外的深度。分析完毕，还要做出应对之策，自己又不是甄嬛，非要把自己弄得忧心忡忡，就像患上“被迫害妄想症”的女病人。

把人品放到一边姑且不论，这是对自己的过度保护，潜意识中的危机处理。

这样的女子，和成长环境有关系，长期缺乏安全感，缺乏对他人的信赖，渐渐会生出复杂的念头。复杂的念头衍生出复杂的行为和人际关系，最后变得口是心非，成为生活的习惯。这种习惯逐渐变成自身的特性之一，就像自己身体多长出的胳膊。畸形，却无法割舍。

我想说，这个世界远远不像人们所看到的，所想象的。孬人的数量没那么多，人和人的交往磕碰实属正常，没必要他给你八两，你还他一斤。

对谁都如此，身上心上背负的抱怨会增加。

与其每天活在勾心斗角之中，不如敞开心扉，做个大气的“女汉子”。

不要觉得自己是距离神最近的那个人，普通人就是普通人。亦如尘埃，尘埃的最高境界是脚踏实地扑向大地化为泥土，那是归宿。

倘若一直漂在空中，始终是一颗无足轻重的扰乱别人呼吸的尘埃罢了！

PART THREE

算计别人也会被算计

你在算计别人的时候，别人也在算计你。能被你算计的，若不是“白目”，便是那些爱你的人。

这世界上，有多少人是彻底的傻瓜?

算计得逞，不是出于偶然，便是对方是深爱你的人，不计较你所有的算计。

我讨厌尔虞我诈，勾心斗角，且深信凡事有因果报应。

生命是神秘的个体，世间万物皆会达到一种平衡。今天你可能占到别人便宜，明天你可能失去的更多。

在上一章节，所提到的“能掐会算”的女友人，算计起人来屡屡得逞，可她过得并不好。男友们轮番登场，和她鱼水之欢过后，便是曲终人散。她是那种，你给了她全世界，也别想从她身上得到一块糖的女人。

男人在获悉到此种信息的时候，便从真心付出开始到敷衍游戏结束。

都是历尽千帆的人，如今的男人比女人更市侩。

男人能被你占得经济上的便宜，一般不会轻易收手。

直到他认为，他得到的和他已经付出的是对等，才会罢休。而且，他们会轻视贪图便宜，恐惧心计慎重的姑娘。谁都不会在自己的身边放一头“中山母狼”。

在一个地方摔倒一次是失误，大家都不想变得不幸。

后来，这位聪明的女友人身边的人越来越少。即使是她的父母和公婆，都对她很冷淡。她离婚，成为北漂一族。虽然她卖弄伎俩到达不露声色、毫无痕迹的水准，毕竟日久天长，她工于心计的特质依旧显露出来。这一特质使得她很悲惨，她忘了两点，一是螳螂捕蝉，黄雀在后；二是人算不如天算。

她再精明，也有比她高一筹的人在等着她。她再为自己筹划，却因为心术不正，算计来算计去，好运总是遇不上她。

她喜欢晒自己的特长和虚构的优渥的家庭背景，让别人认为，她是个有背景的视金钱如粪土的优质姑娘，得以方便算计他人。当喜欢她的人为她一掷千金之后，她会突然冷落对方，激起对方的愤怒，或者干脆消失不见。为日后不用还钱还情做铺垫，她把自己“作”成过街老鼠。

不过，幸好彼此都相距太远。她很会挑选对象。

后来，她认识了一位来自江苏，自诩是小开的男人。

这个男人勾勒出极为富裕的生活环境，她认为自己终于等到一个永久的“饭票”，而逐渐付出真心。两人交往两年，她深陷这段感情。

男人会给她一些钱，一些礼物。她在内心获得满足。她准备去江苏找他，他也许诺照顾她一生。就在她动身之际，他说他的公司陷入困境需要周转，她虽然犹豫，还是把所有钱给他邮寄过去。她在南方见到他，和他在一起的人，是她曾经戏弄过的某个旧人。

这个旧人托人制造了这场绵延的，充满仇恨的报复。她得到教训。

与此同时，算计越多，她的身体愈加差。吃药治病花了她大笔钱。

她总是挣扎在贫困线上，却从不反思，自己到底是为何活成这样？她觉得，她比任何一个人活得都要努力，要拼尽全力。她不知道，她的努力和拼尽全力用错了地方。

即使这样，她依旧按照自己的方式生存下去。虽然她体会过受害者的无助和绝望，也心知肚明这样走下去是玩火自焚。

这样的行为仿佛成为她的命运，她被这股力量吞噬。

她的所作所为成为圈内人的笑谈。另一位我认识的姑娘Lida，和她年纪相仿，亦是她的女性友人。

她们两人个性反差极大，Lida是那种没心没肺，做人做事都很磊落，不知算计为何物的姑娘。她们在一起时，她总是吃亏，好像她就应该吃亏一样。后来，她远赴非洲谋生，靠卖假发，做翻译生存。

回国，她们相聚，Lida照样借给她不少钱。Lida不是傻，她只是看轻“身外物”。她说，她就算口袋里没有一毛钱，也会想办法靠自己赚得一口饭。而她，最讨厌被人接济，抵触算计人。她会认为是她的力量太弱小，才靠这种方式活着。她遵循活着就要高尚一些的信仰，在孜孜以求地走着。但是，她身边聚拢了很多能帮助她的朋友。

其实，谁不知道世道艰难!

我们都战战兢兢地过活，都在迫不及待地令自己强大。

那些心中有畏惧，有信仰的“女汉子”在拼力做“好人”！因为在这些人心中，更相信“一报还一报”的因果。拒绝自己变成嘴角带着血腥气息的女人。

PART FOUR

少一点计较，多点宽容

人的控制欲是罕见的，都想做主宰，都想获得肯定，都以为自己是距离神最近的。

我常常听到女人们怨声载道，“谁都不能理解我！”“我对他这么好，她倒是狼心狗肺。”“凭什么总是我不对？”等等。这个世界好像在颠覆着正义。人人都是正义诞生的孩子，即便自己所做的事情不靠谱，也会明目张胆地给自己龌龊的做法冠之以正名。

于是，人人都是尖刀，人人都是石头。

只要在一起，彼此就会碰得头破血流。你不能容忍我，我同样不能容忍你，不能容忍，就要分出胜负高低，你死我活。好像只有这样，才对得起自己没有白活一场。明里一套，背地一套。表面称姐道妹，好闺蜜，好姐妹，实际上对彼此有一千个不满，一万个抱怨。总希望用自己的棱角磨平对方的棱角，对对方的事情更是横加干涉，稍不如意便闹个鸡飞狗跳。从前的千好万好，一朝成泡沫。

一对姐妹淘，有十几年的感情基础，两人分分合合，像极了合久必分的小情侣，有时候，很小的一件事会成为两人别扭的源头。

一次，一人去香港游玩，另外一人得知后，很欣喜地等对方回来，她猜测，对方会为自己送什么样的礼物。她无数次给对方说，她喜欢香港某个牌子的化妆品，她每次都是在网上代购，好几次对方都是知道的。她以为，就算她不说，对方也会给自己带回她心仪的礼物。而且，她每次去国外或者去内地的大城市，都会给对方买礼物。

有一次去周庄丢了钱包，她跟同行的人借钱也为她捎带了丝绸的旗袍作为礼物。

她相信对方不会忘了这件事。等来等去，对方回来有一段时间了，都没有任何表示。

她忍住不问对方，给家人带了礼物没有？

对方老实地回答，给父母带了，给老公带了，给公婆带了，甚至连小姑都带了。

唯独没有她的！

她当场情绪爆发，她数落起昔日对朋友的好。

对方听到她这么说，也很生气。说她的化妆品贵得吓人，而她总是送自己不值钱的小礼物。

两人闹崩。

闹崩后的她，心情总是很烦躁，全盘否定自己多年来付出的真心，恨自己也恨对方，甚至她把对方想象得很不堪，认为自己交错朋友。

几次误传，令她更厌恶对方。对方是位中学教师，她想起对方要调往重点中学的事情，便给在教育局的小姑下达指令，压住对方的档案，不许她离开那座偏远的学校。小姑怕得罪嫂子，便只有以权谋私。

一年后，传来对方意外身亡的消息。

对方的丈夫找到她，把一套包装得很好的礼盒送给她。

说是当年对方去香港给她买的礼物，本想着她生日之际送给她当作惊喜。谁知，她大闹令对方很气，便把这东西收了起来。她难过得掉不出眼泪。她觉得她没资格哭泣。

她感到无地自容。哪怕是道歉，也没有倾诉的对象了，她无法原谅自己。

成年人都应该知道这一事实，并不是你对他好，就会有同样的结果。

其实大家都清楚，不计较是人生的一大难题。

可是，计较之后又有何用，只能让事情演变得愈加离谱。

你计较他，他跟你较劲儿，都是有脾气的人，谁也不想输。这样的误会和怨恨会加深，事情适得其反。在这种较量之中，谁都不会赢。

计较是为别人的人生设立障碍，亦是为自己设立障碍。

你不原谅他，甚至你怨恨这个人，你心里所想的，你所做的，全都带着怨气。

所谓相由心生，越折磨越丑陋。

用心中的怨怼折磨自己，首先破坏的是自己的优雅。体谅别人，就是体谅自己。

所有的宽容，都会为自己带来益处。我们自己做人也并无周全可言，对待别人，就应该像对待自己那样，感同身受又能轻易释怀。

我们在面对别人的时候，同样希望别人能对我们如此。他们能够包容我们偶尔的过失，能够容忍我们厌倦到一定程度的坏情绪。

所谓的“女汉子”不是赚的钱足够多，也不是穿衣吃饭够品味够优雅。在某种程度上，更多的是心胸的豁达，灵魂的澄明。

在大局上得体，在是非面前能够保持自我，不自寻烦恼，也不给别人增添烦恼。

如此，才能活出人生质量。

PART FIVE

坦坦荡荡做人受尊重

“女汉子”的坦荡，是修身修己，明净像玻璃，不藏不掖。柔软像海绵，可以容纳得下一切的苦难和阻碍，故有“君子坦荡荡，小人常戚戚”之说。

“女汉子”虽然不是真的汉子，可履行的社会职能不亚于真汉子。

当品质成为行走“江湖”的标牌，“女汉子”也不是玩弄小女人那一套，胡搅蛮缠外加撒泼打滚以及勾心斗角，这已经不是小女人的时代了。

“女汉子”一词是力量的代名词，是对坦荡女性的尊称。

我见过一位事业极度成功的“女汉子”。

最初，我认为她是因为有物质基础才受到人们的尊敬和崇拜。

事实上，她的人格魅力远胜物质上的丰厚。那是个怎么样的人呢？她待人不温不火，对人照顾周到，有一说一，有二说二，不隐藏情绪，不任性妄为，总是可以很理性地把事情摆在桌面上来讲。她不会两面三刀，对你进行人身攻击，也不会虚与委蛇地只说冠冕堂皇的话。

她做事有寸分，言必行，行必果，是个坦荡之人。

当然，她会有女性的一面，在自己的丈夫面前，仍不失女性的特质，对爱人很温和，对家人很体贴，并不像电视剧里演的职场“女魔头”。

那些杜撰的“女魔头”似乎都存在着性格缺陷，不是太硬，就是太狠。对于成功人士，个性是成功的前提。用那句俗气得掉渣的话，性格决定命运。女人能做到如此，受到人们的爱戴和尊重是天经地义。

虽然成功人士受到尊重更容易，但普通女人做起来，也可以获得同样的尊重。

人格不论穷富贵贱，人格是以善恶划分的。不以恶小而为之，不以善小而不为。

常以坦荡之心做力所能及之事，亦是人性最值得崇尚的一面。不仅仅是尊重那些善良的人们，整个社会都在不遗余力地推崇，物质社会更需要这种高贵品质来提亮色调。所以，“女汉子”的诞生，在我看来，是希望的诞生。

这不是红色口号，是我的所见所闻。它可能不被人注意，但是却在闪光。

有的姑娘热心助人，在公交车上为大妈大爷让座，帮孕妇提东西，当小贩多找钱的时候，她会友善地提醒，把多余的钱退回去。她从来不说别人的坏话，不帮忙以讹传讹。讲求诚信，不会坑蒙别人。看到有不公平的事情，会发脾气，会帮助弱小。时间越久，个性越鲜明，她身边的人越来越有安全感，越来越受到好评。

可她这样做，并非刻意为之，而是发自内心的善良。

比如有些女人，行大孝道的，做义工的等等，都会受到人们的尊重。

因为这些人所做的，是有益于他人的事情。这是大善，并不是一般人能做到的。像我们这样的女子，心中光明，过好自己的人生便是大事。

莫要如“菟丝子”小姐，连自己结婚生子都不肯告知朋友和追求者们，总担心朋友坏自己的好事，追求者们不再给她金援，这种行为一旦曝光，不仅会受到轻视，亦有失自己的格调。

如果可能，尽量要做一个心里头有阳光照射的女人。温暖从内而外散发出来，别人是可以体察到的。如果内心阴暗，再漂亮的皮囊也抵挡不住丑态。

当一个人失格的时候，会上演悲剧。其中的坦荡，包含接受和拒绝的心意。太宰治在自传体小说《人间失格》中这样描述叶藏，他不懂拒绝，不管是不是诱惑，不管是不是深渊。他都无法拒绝来自对方的召唤。就这样，堕落下去，直到结束。

他的个性像个小女人般温和。

他或者应该是女人，像“菟丝子”小姐一样的女人，来者不拒，却始终无法正视自己的内心，无法向任何人吐露心声。

一个简单的“Say No”都说不出口的人，何谈驾驭自我的人生?

难道始终成为他人猎取的对象。

这不公平，尤其是对自己。

幸好，如今的“女汉子”不仅能拒绝，也能按照自我的意愿生活。

不想结婚，便不会勉强自己去嫁给一个不熟悉的男人。

不想生孩子，就勇敢地选择做“丁克”一族。

不想和没感情的“屌丝”凑合到老，就提出离婚。

说爱的时候，是真的爱。

说不爱的时候，是真的再也爱不起来。

不会为了一些物质上的原因去欺骗他人的感情，不会为了不值得的东西出卖自己和他人，不屑耍弄心计，不会去伤天害理。

虽然道德是人类制定的，却不会为展示特立独行，而破坏道德标准。能接受好的，亦能接受不好的。其外坦荡，其内淳厚。

这样的“女汉子”最容易满足和快乐。一个女人可以无遮无拦地生活，还有什么能做不到的呢?

PART SIX

真实，不做作

我是个被亲人和爱人忽略的人。在家庭关系中，我是女儿，我有个弟弟。

自古重男轻女的环境，在父母心中根深蒂固。我经常看到父亲很自豪地说，他有儿子这一事实，说的时候眼睛放着星光。

在这个家庭中，一切以儿子为主。不管儿子是否孝顺，他们都觉得这是他们生命的传承。母亲有一年生病，病中都不忘弟弟，而对我，根本无视。

长大后，弟弟一直啃老。哪怕是父母吃糠咽菜，也要供养弟弟的生活。弟弟想要房子，他们拼命赚钱，弟弟想要换车，他们二话不说，把所有存款都交给他。差别待遇，让我对家庭心存畏惧。

我一度感到绝望，一心想要获得爱和温暖。

家人却一直对我视而不见，在他们心里，我不需要关心和呵护。

我懂得生存之道，不会饿死街头。他们只会张着手跟我要钱。为了讨好他们，我拼尽全力，刻薄自己，也希望他们能过得好一些。

爱人呢？

因为总想获得温暖的家庭生活，对爱人容忍到底，不管他做什么，都是以包容的姿态，仿佛我永远不需要那些东西。不看重物质，不计较贫富，多苦都能吃，男人在自由的世界总是不满足。于是，屡屡受挫。

用《老女孩》的一句话说：我想，我们并不经常快乐。生活从来对我都不是轻松的。但是我总以为，不论怎样受伤害都要去爱，无论怎样被背叛都要相信，无论怎样被攻击都要真诚。

我变得不那么自信，希望抛弃那个不讨人喜欢的自己。

也因此，有段时间一直努力地生活，希望用成功来包装自己，让别人能注意到缺失的自己。就好像《被嫌弃的松子的一生》的松子一样，生而为人，只为寻求别人的目光，哪怕这种温暖会毁灭自己，也义无反顾地走下去，最后迷失方向。

渐渐地，我发现自己越来越言不由衷，明明心里不高兴，却要嘴角挂着笑。明明心痛得在流血，还要装作若无其事。

我不想成为松子，我烦透了这样的自己，感觉自己做作又低贱。

有一次，一个人的酗酒之后，我问自己，你会不会觉得坚持很累？坚持地活着，坚持地努力，坚持地做好的自己。

像这样的坚持，到底是为了谁？

为什么我就不可以随便怎么样生活都好？

为什么一定是我?

我沮丧，不甘心，觉得即便是条狗都比我过得幸福。

那时候，我就像跌倒的人，不愿意也不知道该如何站起来。随便怎样破碎都好，都不想再这样辛苦地坚持下去。真的，会有这样的瞬间。似被什么绊倒了。我狂扇自己的脸，告诉自己，不要再为别人辜负和作贱自己的人生。活回来，活到自己的真实世界里。

因为是凡夫俗子，当然会难过，会想要放弃。

难过之后，才懂得坚持是一件真正珍贵的事。

虽然这种难过仿佛打结的项链，总是带着无法释怀的心情，重新开始一段艰苦的旅程。我把这种坚持叫做宿命。

从那之后，我按照自己的意愿在生活，我会拒绝别人无理的要求，会反驳别人的意见，被欺负之后，我不会再坐以待毙。在面对父母依旧厚此薄彼之时，会告诉他们，我很不开心，请顾虑我的感受。我开始了想哭就哭，想笑就笑的生涯。只是仍坚持“人不犯我，我不犯人”的原则。本来沉重的生活在这种状态下，稍微轻松了些。

有人说，这世上的女人有两种，一种是幸福的，因为被捧在手心里无需坚强，另外一种是坚强，是不得不坚强。

“女汉子”是别无选择的道路。正因为如此，生活要孤注一掷，与孤独和伤害抵抗到底。哪怕是戴着面具，仍假装欣然地活得有滋有味。

是的，要假装！假装很开心，假装无所谓，假装自己特别坚强，假装卑微。装着装着，便忘记真正的自己，以为自己是真的开心，真的无所谓，真的特别坚强，真的很卑微。面具戴久了，便再也摘不下来。就像一个人说谎太久，自己已经分辨不出哪一句是假话，哪一句话是发自肺腑。

最后，会长期保持一种惺惺假态。

所以，很多青梅竹马的朋友，数年后重聚，会发现对方变成陌生人，大家嘴里说着应酬话，心里各自盘算着自己的事。

我是抵触这种变化的。

曾经的率真，曾经的愤怒，曾经的各种小癖好，都被修正成根正苗红的产品。客套，相互吹捧和攀比，冲淡彼此的情份。

这便是越长大越孤单，越活越累的原因。

曾几何时，那个真诚，真实的自己，被现实流放到心灵之外。我害怕再也见不到那样的自己。而你呢？此时此刻，会不会也有这样的苦恼。我们都在为别人活着的同时，丢失掉自己。

千万不要有这样的一日，那将会让生活堕入万劫不复。

《冰雪奇缘》上有段话说得很好：就算世界抛弃了我，我也站在自己的中心。

每一个女人，都应该珍视来之不易的今天和塑造成今天的昨天。自我是这世上最亮眼的宝物，丢了自我，便丢了这世界。

还是那句话，人生不可能总是顺心如意的，但是持续朝着阳光走，影子就会躲在后面，刺眼，却表明那是对的方向。

LIFE CASE

疲惫，是一种病

小兰一直深信一句话，性格决定命运，一个人的遭遇，必定与自身性格深有联系。一切都是注定，你骨子里的性情，以及你的成长经历打磨而成的性格，早就决定了你会遇到什么样的事。不是不想反抗，只是人怎能赢得过命啊。

在外人看来，小兰是那种光鲜夺目的女人，外表出众，家世优渥，读书的时候成绩名列前茅，毕业后更有不错的工作和收入。每次她都赢在起跑线上，更在过程中一骑红尘，让别人望尘兴叹。可是，没有人知道她骨子里的那股要强和偏执，日日夜夜都在折磨她。

她今年二十六岁，她的父亲六十九岁。她是他跟第二任妻子生的孩子，三岁那年他就抛弃了小兰的生母，八岁那年他娶了一个三十岁的女人，也就是她的继母。父亲一共有五个孩子，三男两女，分别由他的三任妻子所生。可想而知，她从小是在一个怎样的环境中长大。她跟继母，自然没有任何感情，所以想着法儿讨父亲的欢心，生怕自己没有存在感。

她还记得十岁的时候，继母责骂她，把她最喜欢的礼物拿给她刚出生的孩子。她当着父亲的面，把布娃娃送给妹妹，装出一副好姐姐的样子。背后，却把妹妹喝的牛奶换成过期的。当然，她不会那么缺德让一个刚出生的孩子喝过期奶，她只是在父亲面前，假装无意中发现那牛奶过期了，让父亲认为继母不是一个称职的母亲。类似的事件闹了几出，父亲果然就对继母生了埋怨，不让她随便靠近宝宝。

同父异母的哥哥似乎怀疑她做了小动作，在父亲面前告状。第二天，他给班上女生写的情书“无意中”被父亲发现了，被罚了三个月的零用钱。

渐渐的，家人乃至同学们都发现小兰是个有心机的女人，因为她总能以出其不意的方式报复。渐渐的，他们就对她敬而远之，惹不起，躲得起。而她，也乐得清静，少了谁，她都可以活。

工作之后，她依旧独来独往，出色地完成自己的任务，不跟任何人太亲近。她怀疑自己有亲密关系恐惧症，又似乎自带一股疏离感，即使是站在喧闹的人群里，也因为性格上的格格不入而显得形单影只。

后来，她就遇到了她生命里最大的变故，是因为一个人的出现，李浩。李浩是公司的客户，他们见过几次面，他总是走上前来主动跟她说话，不顾其他人异样的眼光。她猜想一定早就有同事告之他她的孤僻，因为经常有人在他们背后指指点点。而且，他可是圈子里的红人，人缘极好，而她，却是人人避之不及的铁面公主，谁得罪了她，都会得到大小不一的报复。

李浩却对她保持热情，一开始，她只当那是他一贯的人际方式，直到那一天，他约小兰吃饭的时候带来一捧玫瑰。其实她考虑了很久，因为从来没想过，要让一个人走入到她的生命里。但是，她不想错过，这是小兰等了太久的机会了，像别的女人那样爱，被爱，哭哭笑笑。

她接受了李浩，他真的对她很好，会哄她开心，亲手给她煮粥，做小点心，她从来没感受过那样的温暖。有一个人，每天盼着与你见面，送你回家，为你做饭。

一年后，他们同居了。

幸福来得太轻易了，让她有点惊慌，生怕它不请自来，终会有一天不辞而别。

他是万人迷，他有数不完的应酬，小兰不喜欢与人交际，更不喜欢跟一堆人吃吃喝喝然后去 K 歌，她恳求李浩，不要去。

一开始，李浩总是顺从小兰，他叫小兰小甜心，说什么都听她的。可后来，他却开始心猿意马了，“加班”的时候越来越多，她知道，他其实是去跟人聚餐或者参加其他的休闲娱乐去了。有一天，他又“加班”回来，身上带着一股淡淡的香水味，袖子里还夹带着一片“瞒天过海”的玫瑰花瓣。

小兰假装没发现，问他去哪里了，让他对自己坦白一切，可李浩却坚持说，自己并没有欺骗她。

那天，她抱着他的脊梁哭了一个晚上。她真的不想伤害他，可是，她更容不得他对她的伤害。

一周之后，李浩失去了他的工作——小兰动用了父亲的关系，让他的上司以莫须有的罪名炒了他的鱿鱼，那个罪名，足够让整个行业都对李浩关上门。小兰猜，那天他回家一定很难过，难过到需要一个拥抱，可是他面对的只是空荡荡的房间——她把所有能带走的，都带走了。

这样疯狂的报复，小兰以为她会开心，却只感觉到心口无休止的痛感。

那个月，小兰回家探望了父亲。他前两年中风，只能坐在轮椅上，头发全白了。父亲知道，小兰只有在不开心的时候才会来看他，他握着小兰的手，说，你这个孩子啊，就是太要强，太固执了，又太精于算计。

父亲告诉她一个秘密，其实，他和继母早就知道她小时候的那些伎俩，只是，从不戳破。他还说，李浩来找过他们，跟他们聊天，商量如何才能治愈她的缺失感。

离开的时候，小兰把车停在路边，趴在方向盘上哭得喘不过气。是她斤斤计较，睚眦必报。是她精于算计，步步为营。是她亲手把幸福隔离在外，这么多年，她感到无比疲惫。

综述

算来算去，算计的都是身边人。如果一个人可以收起怨恨，就会赢得更多的关怀。人生之所以会显得那么累，那么疲惫，是太不容易妥协，向亲人妥协，向爱人妥协，向事实妥协，向真理妥协，向真心妥协。修炼成“女汉子”强大的内心，就要少一点心机，多一份宽容。

第九章 聪明“女汉子”玩转情场潜规则

职场如战场，当男人和女人在同一战场驰骋时，男人会觊觎女人的聪明漂亮，女人会防备男人的侵略。情场的男人如犬，只伤人不吃人。职场的男人似虎，一不小心便会尸骨无存。男人“道高一尺”，女人需“魔高一丈”。这战场暗流涌动，必要时步步为营。“女汉子”不能疏忽大意，一步错，步步错。人在职场，千万别被男人颠覆整个苦心经营的世界。

PART ONE

男人尊敬他得不到的女人

对于情场，“女汉子”只需遵从自己的内心。

爱就是爱，不爱就是不爱。感情是你情我愿的美好。

对于职场，我向来心存敬畏。

职场和情场始终不同，情场像天空，晴天雨天抬头可见。职场像深夜在赶路，不知道什么时候就会发生难以预测的危险。而这种危险，最常见的来自职场异性的骚扰，可以发展为没有结果的办公室恋情，又可以成为派别之争的马前卒炮灰。

如果“女汉子”单靠勇猛和能干，恐怕不是男人的对手。职场的男人们冷血又精明世故，为自己的前途，可以牺牲一切，包括他得到的“战利品”——女人。

几年前，我曾在一家叫做致远的公司做某个部门的小头目，当时我的上司是个年纪相仿的男性，也是这家公司的直接管理者。刚刚从别的部门调过来走马上任的他，开始安插自己的心腹。一位叫做婷的姑娘安插到我的部门，她成为我的主管。婷不算漂亮，单身，但是很能干，男上司对她格外青睐。

有事没事，年轻男上司都会来到部门，和她坐在一起讨论业务。但是，眉目之间，两人渐渐生了别人看不懂的默契。

时逢部门整顿，为在老板面前显露伸手，男上司挖空心思，婷也十分努力，把我们安排得团团转，有时候忙到深夜十二点多。

两人的暧昧不显山不露水地你来我往。男上司常常以聚会邀请我们，每次，我都是拒绝，包括他送的小礼物，小点心。但是，婷从来都不拒绝。

我看得出，她爱上了他。

后来，我在逛街时，看到两人手拉手走过。

不久，男上司因出色表现被老板嘉奖现金十万。而这努力的背后，有婷不可忽视的贡献。再后来，男上司见我固执又桀骜不驯，以部门裁员为借口，把一些老员工扫地出门，其中也包括我。

这是我之前提到的那位年轻，英俊，且会要手腕的男人。

我感激当初自己的坚持，也感谢当年他给我一次可以做自己事业的机会。

几年过去，从朋友口中得知，我离职大概一年之后，男上司中饱私囊，把公司的业务转到自己暗地里经营的小皮包公司中，而婷，和他内外勾结，做了他的替罪羊。他的事情败露，他把婷推到风口浪尖。婷主动辞职，却没能挽救他的职业生涯。有了解内情的同事说，婷早就是他的战俘，不仅是身体上的。

她从精神上完全地依赖他。

然而，最终，她也没有能和他正式地走在一起。她是他的棋子，在下棋的时候，她是宝。棋局一旦结束，她便是一块废掉的木头，只能任他摆布。男人是不可能尊重一个他随便就能得到的女人的。

在功利心强的男人心中，得不到的，才是最好的。

我记得，当时有一位漂亮姑娘，是老板的亲戚，她获得男上司的爱慕。男上司穷追不舍，那姑娘不为所动。直到那漂亮的姑娘离职回家，他才把目光转向婷。

因为有比较，他对婷的利用更无真情。他们的事情成为整个公司以及整个行业的八卦，婷无论去哪个公司，因为知道婷和那男人的关系，很多男人都想占婷的便宜。

婷成为众矢之的。她失去了作为女人最重要的颜面。她在那座城市没待多久，便一去不复返。

那个聪明的冷酷的英俊的男人只在电话里和她说了再见。

人走茶凉，这就是职场男人，即使身体尚留有他的余温，他也不给你半点希望。

哪怕是，你愿意为他变得比从前更好，这都无济于事。先入为主令他们无视你所有的改变和牺牲。办公室地下情，是最不靠谱的情缘。“女汉子”要防范这一类男人的来袭。

人在江湖，可能身不由己。

要彻底杜绝，基本是不能。而想要把女同事收入囊中的男人不在少数。

这样的偷情风险低，一旦马上离开，女方便吃了哑巴亏。

如果他是你的上司，你害怕拒绝他之后，会给自己带来不好的影响。

人趋向于屈服强势，可你真的屈服，他又对你另眼相看，觉得你为了蝇头小利，甚至可以出卖肉体。这便是男性的逻辑思维，相反，得不到，直接拒绝他，他虽一时恼怒，却会敬佩你的刚烈，对你不敢小觑！

工作是小，失身是大。

被一个居心叵测的人玩弄和利用，不如直接了当回绝。就算为此失去工作，或许能给自己带来新的契机。

女人不应该活在恐慌中，离开之时，是结束亦是新的开始，是“女汉子”就怕失去。

PART TWO

像警惕情敌一样警惕职场男

职场只分胜负，不分性别。为了升职加薪，人人都是敌对的。

木秀于林，风必摧之，太出色的，太出风头的人，总是先被拿掉的那个。

上司同样害怕技高一筹和工作能力都比自己强的下属。他会觉得，你随时随地在觊觎他的位置。就算你没那份心思，他也会把你当作劲敌，打压你，调理你。

一对平时关系不错的拍档，平日里眉来眼去亲密无间。

一旦有晋升的机会，对方摇身一变，便是对手。有的姑娘职场经验不足，初来乍到，以为最先向她伸出援助之手的人便是朋友。

所以，凡事都会找他商量，听取他的意见，甚至有心里话和烦恼都会跟他说。可牵扯到利益，他会出卖你，让你后悔自己的轻信。

像这些问题，在职场来说，算是小 Case，纯属小打小闹。有位久经沙场的“白骨精”，自诩见多识广，能见人说人话，见鬼说鬼话，职场的小河沟从未翻过船。

她一路晋升很顺畅，从小小的销售员一直到销售副总监。每年拿着百万年薪。当她升为销售副总监第二年的时候，公司销售部来了一位新人。男性，长相很干净，清秀，是她喜欢的那一款。

这位男同事兼下属似乎看破她的好感，总是有事没事地和她接近，并自愿拜在她的门下。她见他并不像其他男人一样逢迎她和她搞暧昧，她便觉得这个人不一般。虽然他的业绩不太好，但她喜欢和他在一起，他在她面前又显露出柔软的一面，给讨饭的小乞丐买吃的，对人和和气气。

他偶尔提起自己苦大仇深的家庭和过去，她很同情他。

于是，她便有意无意地帮他拓展业绩。很快，他的业绩上升很快，她替他很高兴。他总是以业绩增长为借口，请她吃饭。

有时候，她被他灌得酩酊大醉。在她上任副总监的第二年春天，她突然被公司开除。理由是策划案泄密。她搞得莫名其妙，本来以为总监的位置就快要唾手可得了。怎么会被开除呢？她不甘心。调查来调查去才发现，是她和他喝酒大醉后，他把公司的机密文件盗走。有时候是合同，有时候是新推出的新产品策划案。

她的疏忽，造成了自己重大的损失。

可没有证据证明这件事就是他做的。

她走后，听公司的同事说，他坐上她的位置。据说，他不断和总监接触，掌握了她泄密事件的全部资料。最可笑的是，她离职后，他来找她，说很喜欢她，想要追求她。

她问为什么？男人毫无歉意地告诉她。在职场，他们是对手。他想要的是提升，他所走的，所做的，都是自己作为男人该做的事情。可她又是他晋升的障碍，他必须要清除她，才能更上一步。喜欢她，是个人的隐私。他也只有把她拉下“神坛”，他才能追求她。

在单位，一个下属每天围着上司转，终是达不到目的的。

这条“女汉子”直接拒绝他的追求，当初的好感荡然无存。

她忘记一点，职场不需要同情，不管这个男人有多可怜，他都不需要你伸手拉一把。因为这一伸手，有可能先坠落的，便是自己。

警惕职场男是保护自己。

有不少姑娘职场不设防，把自己的隐私和过去讲给同事听。接着，问题会变得很复杂。

最后，你的事情会被全公司的人知道。

在职场，更不能示弱，示弱会让你变成真的弱势，吃亏的吃亏，受气的受气。这时候，男人才不会怜香惜玉，他分分钟想的都是塞不满荷包。

女人也好，爱情也好，都是无法和生存 PK 的。

本身，女人一入职场深似海。害人之心不可有，防人之心不可无，何况是在一个锅子里吃饭的人。你吃得多了，就意味着他吃得少了，就是这么残酷。

当“女汉子”遇到有心机的职场男，且莫被披着羊皮卖萌的姿态给迷倒。设防，是保护自我的最佳途径。

PART THREE

职场“女汉子”和男上司恰到好处的暧昧

钢柔并济，方显“女汉子”的睿智。

人在职场，性格太直，太硬，容易得罪人，得罪人的后果，尤其是得罪上司，后果堪忧。有权有势的上司随便给你穿双“小鞋儿”，就够让人懊恼的。

女人在职场，忌讳敏感且极端的脾气。四五年前，公司有个好色男上司，五十多岁，喜欢对年轻女性动手动脚的。他有事没事都到办公室来视察，有时候搞突然袭击，从背后走过来，抱住你的肩头，或者把你整个抱在怀里，之后像个长辈一样抚摩脊背或者手肘，如果别人躲开，他会追上去拉住对方的手，当然，之后再无动作，也仅限于此。

这似乎成了他的习惯，每个姑娘几乎都被他这样染指过。

有的人选择隐忍，敢怒不敢言，有的人则习以为常，但是都知道他是个老色鬼。

有个姑娘初来乍到，并不了解他的毛病。

有一次，他把手搭在她的肩头，她吓得尖叫，并直言相告，她很讨厌异性把手搭在她的肩头，弄得他很尴尬，不久，女孩子跳槽离职。

一般女孩都不喜欢这样的男上司，借机揩油，是最猥琐的行为。

可是职场之中，这种人并不在少数。我是十二分反感男性近距离接触的。每次他来办公室，我都会离开，或者远远地和他保持距离。

他进，我退。

实在躲不开的时候，会扒开他的手，借机溜走。

这是在用行动告诉他，请和自己保持点距离，且又不伤他的面子。

如果遇到冷峻型，拒人千里的男上司，又要适当地来一点小情调小暧昧。首先，你知道，即使你那样做，他也不会靠近你。你只是在正常地靠近他而已，你不会也没准备把他收入囊中作为男友或者老公的候补对象。偶尔替他订餐，帮他做一些力所能及的工作之外的事情，说一些温暖鼓舞人心的话。

基本上，也要点到为止，不要让他认为，你是个轻浮的到处勾引人的女人。

倘若他向你走近，和你玩起暧昧，切记，不要被表相所迷惑。不少姑娘走着走着，便沉溺于男上司的温柔乡中。他不会给你承诺，不会明白地说他喜欢你，只愿意用暗示性的语言给你浮想联翩的虚幻世界。

比如说，他是最了解你的人，你是最了解他的人。他喜欢和你在一起工作等等。或者他大半夜给你发信息，问你睡了没有，甚至单独约你去吃饭。不断诱惑，令你节节败退，最后成为被他操控的感情奴隶。像这种修炼到老练的男人，不会主动出击，只等你乖乖送上门来。女人一旦被潜规则，别指望职场男会对你的人生负责。

虽然说，喜欢上一个人，不丢脸。爱上一个人，也不丢脸。但被这样的男人俘获，是很丢脸的。

“女汉子”的硬气来自干脆，拖泥带水的职场经历想必是灰色的记忆。

小小暧昧的火焰不至于会灼伤自己，暧昧有度，否则会泛滥成灾。

睿智的女人没必要用一场毫无光景的非分之想换取前途。

职场忠告

1. 把做好下属放在第一位，上司有什么目标，首先有所感应，极积配合去达成。上司或许有些多情，但不至于猥琐。

2. 正直、率真不失温和，只管做好本分事。适度给予对方关心，但是点到为止。

3. 顾及上司颜面，不要故意表现自己比上司强，有时是自己解决的问题也须归功于上司，最好是不要总觉得自己的美貌能够吸引你的上司。即使是这样，美貌对男性的吸引也是暂时的，换句话说就是不要太自以为是，其实不过是枉自多情，把人家的奉承当真而已。

4. 上司从各种角度欣赏你时，你要保守这份秘密，还有上司也是凡人，当你越有才干时，他越是倚重你，你就越是应该守口如瓶，这样才可能获得上司的尊重，否则他会觉得你轻浮。

5. 你有了很好的基础，成为一人之下，众人之上时，你的机会也就来了。一旦你的上司真的人品不好，他就极有可能被你取代，随时准备好向更高的位置冲刺。

6. 一旦受到骚扰，为自己找到退路，不要被强势所压倒，知道拒绝对自己比顺从来得坦然。

PART FOUR

与上司的老婆搞好关系

女人和女人的关系很微妙，我所熟识的麦小姐，在某企业做助理。

麦小姐的顶头上司是这个公司的法人，也是她的老板。她很识时务，是个老道的职场丽人。上司四十来岁，风头正劲。他白手起家，老婆是青梅竹马的恋人，据说，他们高中没毕业就在一起生活。老婆没有读大学，便生下孩子。

他一步步取得今天的成就很不容易。老婆自知年龄大了，魅力不敌如今的九零后美少女，便挖空心思地想知道老公在公司的一切举动。

麦小姐刚入司的时候，经过一段观察，老板夫人似乎对她很满意。知道她为人谨慎，穿衣说话皆检点，不像是狐狸精的做派。麦小姐深谙职场之道，上司夫人这一角色，她从来不敢小觑。

哪怕这位糟糠之妻已经在老公的心里翻不起波澜，从家人的角度上，上司夫人的话在这方面还是很有分量的。

俗话说，宁得罪君子，不得罪女人。而且，麦小姐发现，男上司亦是喜欢用感情钳制下属的男人。想要摆脱窘境，必须要找到一条可以免受骚扰和伤害的长久之路。

麦小姐把目光投向每天无所事事的老板夫人。于是，两人一拍即合，很快赢得彼此的信赖。麦小姐会把老板的动向传达给夫人。

当然，她会保留一部分很重要的，以至于不会令夫妻二人翻脸。另一方面，她很诚实地告知上司，他的夫人偶尔会问及他的一些动向，她会顾忌他的隐私。既然不管他的助理是谁，他的夫人都会介入。

索性老板明知麦小姐变身为夫人的眼线，只好放弃对她的各种遐想。他放任她和夫人的接触。使得她成为“双面间谍”。她一边安抚夫人的情绪，一边为上司做着各种隐瞒。

她的工作很出色，成为两人的心腹。

以至于几年后，她登堂入室，如同老板家的亲人或朋友。在薪资上，她亦获得高报酬。一箭三雕，她获得夫人的信任，也获得了男上司的信任，同时又保护了自己和自己的切身利益，令夫妻和睦。

这是最聪明的做法，反之，不能倾向于任何一方。和麦小姐同时入行的另一位姑娘，便在此吃了闷亏。同样是上司的助理，干着同样的工作。有时候会陪着上司去夜总会应酬，有时候会替他去家里拿文件。

男上司很优秀倜傥，她被倜傥的男上司迷得晕晕乎乎，一心一意地为他做牛做马。男上司的爱人不是个简单人物。见老公身边安插了这样一个姑娘，难免心里动摇。

她试图收买这姑娘，这姑娘为显示自己忠心耿耿、刚直不阿的品性，拒绝她一切好处。对方见状，看穿姑娘的心事。她想尽一切办法想铲除她。

开始时，她说姑娘的坏话，老公不以为意，认为她不能干涉自己的工作。两人常常为这姑娘吵架。

后来，她故意把戒指丢在那姑娘的办公桌里，栽赃那姑娘偷东西。姑娘有口难辩，只有辞职。事情并未结束，上司找到姑娘，提出和姑娘交往。姑娘一气之下，想要报复上司的爱人，她答应前任老板的要求。从一开始就防范她的上司爱人，结果偷情被发现，上司爱人找到她大闹。这场闹剧人尽皆知后，草草收场。

姑娘在家人的撮合下订婚，未婚夫和她在购置家具时，又遭遇到该上司爱人。上司爱人不留情面地揭穿她做过小三的事情，导致未婚夫和她分手。

两个女人结怨很深。我想起亦舒的一句很经典的话，她说，做女人要做得像一幅画，不要做一件衣服，被男人试完了又试，却没人买，待残旧了，五折抛售还有困难。

这亦是在职场的写照。职场“女汉子”不宜把自己往低贱里处理，找一棵大树乘凉，未必是找男人。男人这棵树不好依靠，一旦沾染上，便是他的一件衣服。

不管你曾多么华丽，曾经多么一尘不染，都会因为这个男人，变得不幸。

当女人和女人发生牵扯时，我宁愿选择站在女性的立场。男人是比女人更危险的动物，尤其是男上司，男老板。就算是遭遇男同事，也不是什么好事。

不如，这件事来了，你就顺着她来。谁让金钱是这个世界上最难得到的东西！有时候，“女汉子”也会妥协于此。

PART FIVE

“女汉子”没必要遵循男人的世界观

看到一位女作家在微博上说的一句话：女人总是很在意自己在男人心里的样子，男人总是在意自己在世人眼里是什么样子。

男人在搏杀世界，女人在搏杀女人。

本来男人和女人就存在永远都不会交叠的差异。这没什么可奇怪的。不管在什么圈子，男人和女人都在做着不同的事情。

娱乐圈闹得沸沸扬扬的艺人离婚事件，有人说是炒作，有人说小男人忘恩负义，见异思迁。男艺人都跳出来指责狗仔，女艺人则维护弱势。娱乐圈与纷扰的职场关系不同，男艺人和女艺人只要合作过，便意味着他们的同事关系不可磨灭性。

只是这种同事关系较普通人的同事关系更复杂，更扑朔迷离。在一起也好，不在一起也好，他们之间的立场和世界观绝对是不同的，就像一头羊和一只老虎同样盯着一棵苹果树，羊盯的是苹果，老虎盯的是站在苹果树上的猴子，羊是女人，老虎是男人。假如两者同时出现，老虎想的不仅仅是猴子，羊一样是他的猎物之一。

这就是男人和女人，思维模式都是不同的。

作为普通人的职场，男性较女性多了一层对职场的缜密和慎重，男人似乎更遵循他们的世界规则，而女人的感性会让我们情绪化一些，遵循所谓的规则，只在某一浅显的层面上。比如说，职场男人的野心更大，想要的更多。

男人不希望进入公司永远困在一个职位上，他们想要获得业绩和成功的心更迫切，更势利。

女性，大多希望稳定，当然也希望得到晋升，相对于男性较为忠诚和呆板。

和麦小姐一同进入公司的冷先生，最初在技术部任职。一个月三千五千的薪水，他还要养活一家老小。

半年过后，他出色地完成他人生的第一次跳跃，升职和加薪。不过薪水远远没有达到他的预期。他申请调至技术销售部门，完成他“鲤鱼跃龙门式”的飞升。

事实上，他开始的工作不太理想，为了能有好的业绩，他开始频繁宴请客户，包括给客户回扣和塞红包，这一招很管用，他成为销售明星。

接着，他进入上升轨道。此时的麦小姐，即便和老板家熟得像一家人，她依旧是老板的助理，职位并没有任何起伏。

最后，冷先生升职为销售部的总监，要风得风要雨得雨。很多人都向麦小姐提起冷先生，觉得冷先生才是最杰出的典范。有人劝说麦小姐，也应该走冷先生这条路。

麦小姐有自己的坚持。她认为，她能做的，只有这些。

如果她想要去销售，不是不可能。

而是她会被男性的世界观颠覆。男人为了拼杀，可以不择手段，她希望自己的内心还是要保留一些女性的柔软。

在那几年中，麦小姐找到一个很好的男人，嫁了人，又做了母亲。她的家庭稳定，工作稳定，收入稳定。她始终是那个善良的，又乐观柔和的麦小姐。

冷先生呢?

他开启了不一样的人生。

他在外和朋友开皮包公司被骗，背负大笔债务，他以权谋私，倒卖公司资源。

结果被抓包。老板放他一条生路，没有把他扭送到制裁机构，只是开除他而已。冷先生不得不重新开始经营自己的事业。

又过数载，冷先生还清债务，自己又站了起来。他每天就是陪客户应酬，过着出入高档场所，烟不离手，酒不离口的生活。

男人在职场，可以为晋升付出任何代价，用代价换取生存。在他们的世界里，不是输了，就是赢了。他们能经得起大起大落，甚至更喜欢这种冒险的游戏。

相反，大多数女人求的是安稳，是生活的安稳，心理上的安稳。所以，根本没必要为求得“一线生机”便像男人一样去处理自己。

他们的世界观不需要你去懂，因为性别的差异，女人也永远不会真正地融入男人的圈子。

再强势的“女汉子”依旧无法摆脱女性的性别。

事业上再成功的“女汉子”，也不会靠男性规则来获得成功的。没有一成不变的规则，亦没有真正的差别。之所以这样说，当“女汉子”在事业上无法突破时，请想一想自己终究还是女人，心平气和下的决断，才不会影响自己在职场的生涯，也能更好地处理和男性同事的关系，以及这个世界的关系。

就像那位女作家在微薄上所说的，男人就是男人，女人就是女人！两者之间，却能演变出各种人物复杂的人物关系。单单在职场，女人还是小心为妙。

PART SIX

改变他的世界观

身在职场，唯有努力生存和适应。同样的杯子，不同的人看到的是不同的东西。这就像职场男的生存底线和“女汉子”是不同的。面对职场，男和女始终有分界线。

我见识过有些职场男，是毫无底线和约束的。面对这样的职场男，需要用勇敢来对抗他的世界观，用智慧去改变他的世界观。

韩寒说，男人改变世界，女人改变男人的世界观。

他不相信忠诚，就给予他忠诚。他不相信善良，就给予他善良。他不相信坚守，就给予他坚守……在任何事上，展现给对方一种女性的韧性，一种自自然然的纯粹。

我一直坚信，善恶到头终有报。

职场上的厮杀，是生存的厮杀，有时候暗流涌动，有时候明枪暗箭。

但是这不妨碍自我的追求。这是一个令人心存敬畏的生死场，也是度人度已的修行地。用麦小姐的一句话说，职场可以让人变好，也可以让人变坏。

麦小姐的先生在一家大的公司做人力资源方面的工作。

最初，和麦小姐相识于朋友的介绍。麦小姐的先生原本是一个多疑且缺失爱的人，从小家庭给予他的影响便是生存式的冷漠。

没确定关系之前，麦小姐一般不会干涉丈夫的工作，他们也不太常讲工作上的事。有时候，他和她约会，遇到他的同事，他也是不介绍麦小姐。麦小姐的情商不错，为人又热情周到，她会很主动。

有一次他遇到一位得罪过并被开除的同事，那人当着麦小姐的面诋毁他。他感到愤怒又尴尬。麦小姐在对方面前，给予他最大的信任和支持。

事后，他主动讲得罪这个人的原委。麦小姐暂不做评价，事后数日，她才随意地谈起这件事，告诉他，关于那个同事的处理方法有欠缺。

麦小姐觉得，公司的管理不仅仅要维护公司的利益，有时候也要考虑到员工的利益。一切过激的行为，都会带来不好的影响。

从那时开始，麦小姐的先生发现，这个女孩身上闪着睿智的光芒。他们婚后，他常常听取麦小姐的意见，麦小姐用中肯的态度，守护着家庭和丈夫的前途。

她做的最棒的一件事，就是帮助冷先生渡过难关。

本来老板是要打算把他交给法律制裁的。麦小姐的求情和担保，才使得冷先生逃避制裁。冷先生因此很感激麦小姐和自己的前老板，自此，他再也没有不良记录。

有人在追求一切安好，有人则希望世界大乱。

故事的结局，亚洲爆发金融危机，麦小姐的老板资金链断裂，冷先生出手相救，麦小姐跳槽至冷先生的公司。

所谓一报还一报。

如果大家都是比较激烈又固执的人，喜欢夺来夺去，彼此不到头破血流，不会罢休，事情只会超出大家的预期。

今天他容不下他，每天精心算计该如何铲除这个人。明天，就会有人和他做相同的事。职场变成一张大网，彼此互相吞噬，造成恶性循环，谁都逃不过制裁。

如果可以遇到一个影响自己变好的人，无疑是抓住了希望，自己也会在对方身上汲取美好的东西。职场的生存才有可能变得有趣。

有人说，我做人寡淡，职场上不喜欢争名夺利，那你就安心地做自己。

有人说，我就是好强出头，那也不错！只要是有益的事情不违背自己的良心，怎么都好。有人说，我无所畏惧，习惯了职场上的刀光剑影。

不管职场有怎样的男人和女人，职场都是我们生活中最重要的一个部分，用彼此的影响化解彼此的对立，用女人的柔和来软化男人的刚硬，始终是惠及彼此的行为。

LIFE CASE

迟到的真相

她在出版社工作，她的脾气在单位算是不错的。平时，任劳任怨，遇到加班，不管多晚多累，她也能坚守岗位。她在单位是没有名字的，人人都叫她小张。小张，小张，小张地叫着。因为职位低，没人重视她。

她的直属上司是新来的张培明。他很年轻，比她才大两岁。他初来乍到，就对公司大刀阔斧地改革。他曾找她谈话，对她的年纪和阅历进行了剖析。到最后，他才言归正传，说需要她的协助。她本来听得战战兢兢，突然被他的这句话吓了一跳。难得一个领导如此赏识她，她一口答应下来。

接下来，他经常和她沟通思想，她感觉，她终于找到了一个气场相合的领导。有这样的领导垫底，她工作起来也格外来劲。

一口气，她做了几本畅销书。

本来那些老员工是不同意走畅销书路线的。可架不住她一再地坚持。她说出了他不方便说出的话。有几位年轻的同事也站在她这边。谢天谢地，一切都很顺利。张培明对她的工作做出了肯定，并许诺，一旦业绩大幅提高，他就提议会为她申请加薪升值。

她觉得，她真是幸运。她以为，他只有对她这样，她是唯一，是特例。她也逐渐喜欢上了他，不过这种喜欢，是隐藏在暗夜中的，他并不知道。

不久，她做的一本畅销书大卖。她想，她的机会真的来了。就借着给他送策划案的机会去提醒他曾承诺的事情。他一边翻看着策划案称赞，一边跟她说着无关紧要的话题。

她刚要提醒他，他的手机就响了，他接了电话之后，让她等他一会儿，他说去去就来。她看着他离开的背影，本来也打算出去等他，却神不知鬼不觉地被他的电脑的 QQ 声吸引。

她探头去看，才发现，他的 QQ 上有全公司所有的同事，每一个人和他单独联系。每一个人的一举一动，一言一行，他都掌控着。他和她说过的话，和其他人也这样说。而大多数人都同她一样，如获至宝地和他交往着。

她的心凉了大半截。

季度总结时，总社对张培明提出了表扬，给他发了奖金。他请一群人去 K 歌，泡吧。关于她工资和升职的事情，没有再提。她成了他冲锋陷阵的机枪。她因此有些怨恨他。

了解到这些真相之后，她不动声色地继续工作，只是不再像从前那样任劳任怨。她像一直躲在黑暗中的猫，觊觎着他的一举一动，然后准备后发制人。

她要把他从那个位置揪下来，她无法忍受他玷污她的智商。

终于，他被她捉到了机会。她给总社发了一封匿名的邮件，邮件上列举了他的罪状，比如倒卖书号，私下注册了一间图书公司，假公济私等问题。

总社很重视，派人来调查他。在叫到她的时候，她并没有把一切事情和盘托出，而是迂回地说了一些他的问题。在此之前，她早把他这种为人处事的作风传给了同事，同事对他的行为也恨之入骨。于是，大家都忿忿不平，一是恨自己的轻信，二是恨他利用了他们的感情。

证实之后，他被总社开除掉。某一天，她从同事口中得知，他在就离职前，给总社发了一封信件，要求为社里的人涨工资，并对她的表现提出了特别表扬，说她是个难得的人才，希望以后有机会，可以提前考虑她。

她听完，泪腺哽塞。

但是，事已至此，她只有硬撑下去。

她再遇到张培明的时候，他是一家小的出版公司的编辑。他被她害得在这个圈子里名声狼藉。

再见已是陌路，虽然她有愧于他，却无法面对他。如果当初，他可以对她坦白一些，或许，她会死心塌地地跟随着，为他冲锋陷阵。如果，她没有在他身上寄放那么多爱和希望，她也不会对他那么决绝。

这就是职场，刀剑无眼。虽然赢得那么不光彩，可谁都不是谁的明天!

综述

“女汉子”的职场是灰色的，但是不妨碍追求光亮的前景。要学会像男人一样生存，哪怕再痛苦也要坚持下去。我们的人生，总有那样的一些人，他们给你痛苦，给你折磨，让你反复怀疑自我，把你推到另一条命运的路上。就在最艰难绝望的时候，我们突然发现，原来我们可以有另外一种不一样的生活。

第十章 女人，像汉子一样去生存吧

生命中即使起了再大的风，也要努力地活下去。女人是弱者的时代已经终结，这个社会从来不会在乎弱势者的眼泪。做一条“女汉子”，穿过一条叫做坚强和幸福的隧道。生命因此绚烂，生活也变得没有以前孤独。从今天到明天，从现在到未来，都是写给“女汉子”的诗篇,没有忧郁,不再需要同情，向日葵般追逐着太阳，这是一切生命的起点。

PART ONE

男人不是女人最好的靠山

大部分“女汉子”都过不了那种所谓的“靠山吃山，靠水吃水”的人生，并不是说，她没有遇到一个好男人。而是她自己忍受不了毫无追求的生活。

有些女人很幸运，无论贫穷或是富有，身边的男人始终如一，物质上相互支撑，精神上相互依赖。圆满人生终是少数。另外一部分，则无论境遇如何，都要全凭自己的一腔斗志。

看当今的世界“女汉子”遍地的情形来说，女性已经逐渐脱离男人的依靠。男人们似乎也逐渐“脱轨”，从以前的婚姻家庭中脱离到全新的时代。就像有越来越多的女性单身、不婚、离异一样。

男人们仿佛一夜之间卸下了重担，谁还管谁的死活？能约束好自己的，便是不易。

打工者阿英是个湖南女人，和自己的男友同居四五年，期间有了一个女孩，两人却迟迟不结婚。阿英不是不想结婚，而是男友无法和自己结婚。

她说，有两个原因，一是男友和她同居之前是有婚姻的，只是两人貌合神离，男友的妻子离家出走好几年。二是男友家重男轻女，想要她生个男孩。

阿英想要给孩子一个完整的家庭，只有忍耐下去，况且，她很爱自己的男友，希望自己的男友能成为合格的父亲。

所以，她怀上二胎。男友的工资不能养活一家大小，即便是怀孕的阿英，也要挺着大肚去工作。越是辛苦的生活，男人起的作用越是微不足道。

但是没有男人的生活，同样会让女人感到无助。

男人不是女人最好的靠山，因为不是每个男人都能像比尔·盖茨那样能赚钱养家，不是每个男人都能为女人上刀山下火海。

自己活自己，自己驾驭自己。自己是自己最好的靠山，感情会消失，男人会离开，把所有希望寄托他人，是十分不明智的选择。

大部分女人，过着类似阿英这样的生活，和男人相互依靠，相互帮衬。或许生活不够理想，存在各种瑕疵，日子还是会过去下。

当然，还有一部分“女汉子”，“靠山，山倒！靠水，水干！靠人，人跑！”

上天除了把生存技能交给这些人之外，在其他方面很吝啬，不肯多施舍一点福利。这种命运，一厘一毫都要靠自己辛苦来赚，想要一位心灵和物质上的伴侣，属于幻想。

女人想依靠男人，男人也想依靠女人。有离婚的女人抱怨前夫的无能，每天只知道酗酒和赌博。

一位写作女友人准备离婚，原因是老公作奸犯科，她不仅不能依靠男人，还要为他付出常人难以理解的痛苦。我不评价她提出的离婚的动机是否属于雪上加霜，她道，只想给孩子制造一个好的环境而已。

而另外一个姑娘，运气就没那么好，爱上一个花心男，自己患上严重的糖尿病，两人结婚，男人不肯领证，她自己又不能生育。于是领养了一个孩子。孩子七岁那年，两人车祸，姑娘当场离世，男人瘫痪数年。

不得不说，人活着，就是过各种难关。男人要过，女人要过。

最后，无论是谁，能走到终点的，唯有自己和自己的决心。

有时候，对女人而言，孤单一个人，虽然辛苦，却活得踏实。这世上，没有轻而易举之事。

这是一个想要靠别人生存终结的时代，男人从此不再是女人最好的靠山，女人也休想通过婚姻再轻而易举地改变自己的命运。

即使是明星，嫁入豪门后，大都仍要抛头露面。

在经济上，“女汉子”渴望自力更生。其实，真正的“女汉子”也不稀罕依靠男人，谁甘心活成“菟丝子”小姐那样？那样做，只会给彼此带来灾难。

有多少女明星为爱息影，生子持家，以为找到了可以依傍终生的男人。秀恩爱，晒幸福，把养家重担交给男人来做。而这种幸福，基本延续不了几年。

你一旦真的把某些人当靠山，某些人会真的把你当累赘。

甚至，当有一种男人横空出世，来到你面前。告诉你，他会对你好一辈子。你若真的相信，全盘交给他时，他很容易便跳票。

杜拉斯曾说过，爱情的本质是背叛。男人很容易背叛当初的情感。这时候的女人，唯有勇敢地坚持下去，春光自会到来。

PART TWO

爱情和事业一样不能少

女人是“伤痕”物种，容易对自己的“伤痕”念念不忘。

坚硬的外壳是为了保护柔软的内心，不管你信不信，她就在那里。没人能改变，除非自己的选择。当初，有人发誓要选择事业，根本不相信爱情。为了事业，努力挥霍青春。

或者，直到白鬓如雪，才能体会到一个人的孤寂和彷徨。面对爱情，更不能一意孤行。为爱，要生要死，非他不嫁。为爱放弃自己的事业，甚至放弃自己的亲人。放弃得越多，将来的怨怼越深，深到无法化解，深到不可能白首不相离。

当女人在经营自己的人生时，往往少了一份体谅自己的情怀。

我曾为父母感到困惑，他们在年轻时总是争吵，永无休止地争吵。大部分都是为别人在争吵。父亲是个不懂拒绝别人要求的人，母亲想的更多的是如何生存。只要有人提出要求，父亲都一一答应。不管是钱，还是房子，他从来不考虑家人该如何活下去。

艰难的青春时光，让我对男人充满失望，于是，我选择了事业。

虽然，我对我的选择从未后悔过。我相信，靠自己是我人生中最骄傲的一页。我也相信，很多“女汉子”会和我一样，满意自己的选择。

书至末尾，对我来说，是收获。写书和走路一样，不知道自己会写到哪里，会遇到什么样的人，会收获什么样的心情。

事实是，人总不能走偏激的路，做偏激的事情。

这也是我到现在才渐渐体悟的一件事。

不管是什么样的偏激，都会伤害的到自己和他人。最好的、最完整的人生应该是：爱和事业兼得。

为何要这样过？

因为有爱的人生不寂寞。

有事业的人生不空虚。

寂寞会令人心渐冷，空虚会令人生恨。没有爱的滋养，会怀疑一切。

曾有一位事业很棒的姑娘，是位不错的女演员。

三十几岁，一直没有找到对的那个人。凡有男人靠过来，她便认为是“潜规则”，或者是居心不良。爱是一种能力，不管到多大，能爱着，是件幸福的事情。

后来，她再也找不到恋爱的感觉，潦草地找到一位富商，婚后也是没有归属感。随之，事业滑坡，内心彷徨，患上抑郁症。

像这种姑娘，自己并没有强悍到能独自一人消化孤单的程度，她是需要被爱的，也需要尝试着去爱自己的家庭。有强烈的爱支撑，便不会有单打独斗的失落感，也会为自己的家庭和爱人努力奋斗，所以，通常有爱情滋养的“女汉子”，事业也会一帆风顺。

若有足够的心理准备，能剔除内心的彷徨和恐惧，不怕寂寞，不怕孤单，更不怕老无所依。那自己可以随意选择生活方式。倘若尚欠缺一点点勇气，爱情和事业一个都不能少。这两样都是支撑自己走下去的力量。

而且这个世界波诡云谲，变化莫测。

有时候，你会失去爱情，那么，这时候你还拥有事业。事业上的忙碌和成绩会让你减轻痛苦。

有时候，生活会让你失去所傲骄的事业。这时候，你还拥有爱情。爱人会在你身边支持你，鼓励你，让你重新振作。谁都不能保证我们的一生可以不经历苦难和波折。

生活本身就是起起落落，像潮水一样扑向我们，溺水的时候，别忘了你所拥有的东西，那是我们栖身的小岛，是我们对抗命运的筹码。

假如只专注爱情，或者只专注事业，被自己视为生命的东西一旦崩塌，给予的打击定会是致命的。如果有可能，最好的人生便是拥有两者，而不是之一。像我之前所提的成功的女商人的例子，她是真实的，就发生在我的身边。

这本书中的案例全部都是我的所见所闻所感，或许名字稍加改动，是为尊重当事人。那位“女汉子”便是两者兼得，且经营得很好的案例。

能驾驭事业和爱情，并使之平衡，这是一种能力。千万别因为某一方面便厚此薄彼，或重事业，而轻爱情。

只要事业的女人虽然不在少数，可毕竟要承受更大的压力。没有哪个女人不渴望爱情的，只是，有时候缘分未到，才必须坚强地单着而已。

如果可以拥有两者，当然别放过幸福的机会，哪怕是辛苦一点。不要说：“经营爱情啊！家庭啊！很麻烦的，会影响我的事业！”

影响肯定会有一些，只是你的步伐调节得慢了一点，并不代表你就此结束。

一旦家庭步入正轨，你的事业便会突飞猛进，就像一只翅膀太短小的鸟，是承载不了笨重的身体飞向天空的。翅膀是你的事业，身体是你的感情。

有了事业的女人，容易获得好的稳定的爱情。有爱情的女人，容易发展事业。这是相辅相成的动力。

最后，至于你想如何选择你的人生，还是要看你自己。

缘分没来，好好发展事业。事业好了，爱情会来。

经济上弱势，那就好好经营爱情，两个人一起努力开创未来。

情况总会一天好过一天，一年好过一年。正所谓，一念天堂，一念地狱！

PART THREE

不要觉得你比男人差

日常生活中，在我所见的很多百姓家庭里，仍是重男轻女。家中的财产全部留给男孩，女孩只有嫁人或者自我创业这两条路。女孩子在这种耳濡目染的成长环境之下，容易敏感而自卑。姐弟或者兄妹之间的比较，男性完胜。并不是他们智商高，能力强，而是获得的爱更容易更多。

朋友圈的“女汉子”但凡有哥哥弟弟之类的，长大成人后，纷纷和溺爱失衡的男性同辈断绝往来。不为别的，架不住兄弟的扫荡。至少对我而言，兄弟是场浩劫，这是亲人之间的性别比较。

女孩子从浩劫中学得坚强，摇身成为“女汉子”，自立，自强，一身本领，这算是自我的肯定，是现在的自己拯救了过去的自己。

因为能够接受糟糕的对比和恶劣的环境，“女汉子”的生活渐渐好转。

如今的年轻男性，结婚成家后依旧在啃老。

那些独立的女儿们，不仅要顾及自己的小家，还要贴补自己的父母。

有时候，我看到街道两旁在做绿化工作的老人们，会情不自禁地想，他们是不是都有个不争气不体恤父母的儿子？在这方面看，女人一点都不比男人差。即使你此时此刻过得可能没那么好，请一定不要放弃你现在努力的自己。

那么，在职场，“女汉子”亦不会输给“职场男”，“职场男”追名逐利更甚，甚至有人更喜欢玩弄权术，“女汉子”在职场无论胜负，都是赢家。输给那样的男人，不丢人，也并不比他差。

反观爱情中的男女，只要他是爱你的，门第和外貌都不是问题。

如果他不爱你，无论是什么，都会成为问题。当遭遇失恋时，会质疑自己的实力，会认定自己很差，会觉得配不上他，可能还会为这样的他去疯狂改变自己，只为有一天能配得起他。

历时数载，我终于明白了这样一句话：永远不要为别人改变自己，如果不能接受最差的你，也不配拥有最好的你。

你不会永远比别人差。

当年，我的一位女友人和一位年长十岁的中产男谈情说爱。二十三四岁的女友人除了青春之外，别无其他。家境不够良好，更谈不上拥有所谓的事业。她一心一意地爱着那个男人。那个男人却对她十分刻薄，他每天醒来便会挑剔她，认为她实在很差。她也以为自己真的很差，心情非常抑郁。

可是，因为太爱他了，她舍不得离开他。他继续虐待她，甚至逼得她走投无路，决心自杀。是我让她清醒，希望她能有属于自己的事业，过一种全新的生活。

她一直犹豫，直到他提出分手。

她离开他，她成为那个配不上他的女人。她用一段很漫长的时间来打造自己。

很幸运，她在某一领域拥有了别人望尘莫及的东西。这不是奇迹，而是她拼力证明自己的结果。她不差，一点也不差。

时光的尖锐磨平她心中的愤懑后，两人再度相逢，没有恐惧，没有怨恨，亦没有当初爱得死去活来的激情。他错过当初最差的她，他亦错过如今最好的她。

真的，不要怀疑自己的能量。

每一个女孩都可以破蛹成蝶，每一个女孩都是自己的公主，每一个女孩都可以华丽变身“女汉子”。爱惜自己，相信自己。

对于轻贱女人的男人，不要停留。你要用你的努力回击他，他不配得到那样的一个你。

其实，不管是家庭的男性，职场的男性，或者是爱情和婚姻中的男性。真的不可以纵容他们肆无忌惮地伤害我们。就算你退守一万步，他们依旧不会感激你，会更鄙夷你，会真的认为，你比他们差。

生活把女人们都练就成了“女汉子”，来抵御这种刺伤，为女人赢得尊严。

我常跟那些羽翼尚未丰满的女孩子说，你可以的，别小瞧自己的现在。

这不是鼓励，只是一句真心话。

以前，我不断问自己，生活为什么要我变强？

大概是因为，变强的女人，总会在某一刻，遇到一个欣赏你的男性，而不是接连把你打击得体无完肤的烂渣仔。

这样，你才有机会遇到一个好男人。我们真的没有别人眼中那么差，差的是他们的眼光。

PART FOUR

不嫁“豪门”，自己就是“豪门”

女人太强势，便少了一样东西，可爱和温顺！

范冰冰说，自己不嫁入“豪门”，她就是“豪门”。

像她那样妖艳的女演员，骨子里流露的尽是硬朗霸气。她是聪明的“女汉子”，她不想别人掌控自己的人生，她需要自己掌控自己的自由。如果一个“女汉子”有适合自己的发展契机，应该有她那样的胆量，挑战一下自己的至高点，让自己能够体验最大的自由度。

对于“豪门”这个概念，我是很模糊的，“豪门”在香港台湾是有的，像李嘉诚，像郭台铭，像霍英东。潜意识里，“豪门”应该是和贵族挂钩。

比如说，深沉的英国贵族，传统的法国世家。在大陆，大家的脑子里会不约而同地蹦出“暴发户”这个词儿。

我们心中的“豪门”应该是建立在物质上的。

我曾见过一位真正嫁入“豪门”的姑娘。那姑娘出身普通，和老公是大学的同班同学，她高而瘦，像一株细长的兰，长相普通，气质倒是出挑。她挥舞着手上两克拉的钻戒，向别人炫耀。她的眉眼之中，难掩一股得意之气，仿佛她的出嫁是一种扬眉吐气的翻身。她的际遇获得不少人唏嘘和羡慕，认为她的命运实在是太好了。

她细数着家里装修花了几百万，购置物品花了几百万，她年轻稚嫩的脸上充满幸福感，她似乎认定自己找对了人，找到了终身的饭票。

或许，她此时的幸福是真的，她的爱人也是发自真心地爱她。从校园之恋步入到婚姻的殿堂，世俗的普通家庭都要经历地狱般的淬炼，何况是一对家境相差甚远的恋人。男人的心会随着时间的改变而改变。

女人的容颜会随着时间逐渐衰老，爱情能抵挡得住吗？

我在某一本书中这样诠释爱情：爱情抵不过一掷千金的豪迈，抵不过沧海桑田的眷顾，抵不过枝繁叶茂的过往。变幻莫测的现实，往往不会让一个“中彩”者幸福的时间太久。想要幸福，如果不呕心经营，恐怕自己的位置早已被多个女人觊觎。

呕心，意味着你要为自己和这个家庭编织一张密不透风的网，让你的男人，你的家庭在你的这张网中都乖乖的。而你自己，也要和曾经的自己说再见，直到为守护自己的成果而变得面目全非。

走入“豪门”，你注定要失去更多。

而最终你能得到的，只有钱。

钱能刺激穷人的心脏，却无法打动富人的灵魂。

一位广州的富豪，因为钱实在太多，他每年送给自己的几个妹妹的红包都要百万。至于他的妻子，换了一茬又一茬。

如果那个嫁入“豪门”的女孩幸运的话，或许能熬过七年之痒，也许能在一起过十年或者二十年。可我相信，那时的她一定不会幸福。一个骨子里带着不自信，带着一份虚荣心的姑娘，即便是真的步入“豪门”，也一定融入不到“豪门”。

这是“酸葡萄”心理吗？这不是“酸葡萄”心理，这是一条生存的规律而已。

范冰冰之所以高人一等，便是她领悟了这一点。

再漂亮的皮囊和灵魂也挽回不了一颗变卦的心。

与其同样都是辛苦，何必为别人委曲求全，从别人那里得到的东西，终归不是自己的。不是自己的东西，就少了那份气势，少了那份自信。

一旦某一天，感情变质，男人一去不复返。他能丢给你的，还是他的东西。他可以主宰你的命运，他可以掌控你是否该幸福。王石也好，普京也好，甚至赵本山也好，他们追求的，始终是自己的世界。

女人呢？一样有权利享受自己创造的世界。

当范冰冰说出“自己不嫁豪门，自己就是豪门”的时候，显得多么的忤逆社会，却又彪悍得漂亮。

这让我想到《四月物语》里的卯月，一个成绩普通又腼腆倔犟的姑娘，她想要得到一份爱，那份爱很简单，可看起来很遥远。

男孩子考入东京一所很出名的大学，她想见他，仅此而已。她打听到男孩所在的大学，她决定考取那所大学，当火车开动，家人和她挥手告别，她觉得那如梦幻一般，她自己也说，老师都认为她考入那所大学是一个奇迹。

她过着简单的大学生活，她去他打工的地方去买书，他似乎认出了她。两人漫不经心的搭讪，是她付出的不为人知的辛苦。还好，她跟上了他的步伐。

因为如此，这个世界才有生趣。

你想要的，不如自己创造。你想要嫁入“豪门”，不如自己先成为“豪门”，匹配起来才像样，更不会有被抛弃的那一天。

“女汉子”的“豪门”是属于自己的“豪门”，自由，松弛，可以随心所欲。

因为深深热爱，才不会有所憎恨。

PART FIVE

爱自己更要爱这个世界

每天的每天，都在和这个世界较真，和这个世界赐予我们的命运做对抗。会哭泣，会愤怒，会堕落……

我们会发生很多意想不到的意外事故，没错，是意外事故。

有时候是车祸，有时候是疾病，有时候是被骗，有时候是受到心灵的挫伤，有时候是亲人的离去，有时候是爱情的消失……那么多，那么多的劫数，却还要挣扎着继续走下去！

有时候，我会因为这些劫数而痛恨这个世界，可这个世界容纳着像你像我这样的一些人。不管我们是否开心，是否难过，是否怨恨着！它都像个事不关己的浑蛋一样，每天每时每刻，按部就班地捉弄着人类。

你越是爱自己，它越捉弄你，然后看着你手足无措，呜呜大哭的场景幸灾乐祸。最后，向它妥协，不断地妥协。

这便是我们每个人要面临的人生，不完美的，真实的，残酷的人生。有人一路走，一路抱怨，抱怨让这个世界显得更苍白。

有人一路走，一路高歌，和这个世界对抗的同时能握手言和。

事实上，我们不能选择的东西太多。我们不能选择出身，不能选择财富，不能选择身边的人该如何爱我们，不能选择周遭能抵抗的伤害。

比起这些，这个世界给予我们的生命是最最无价的。

加拿大女作家露西·蒙哥马利身世凄苦，年幼丧母，在少女时期便寄人篱下，和严苛的外公外婆生活，因为有了这样的生活经历，她在长大成人后，以自传体的形式撰写了《绿山墙的安妮》，并获得关注。我想表达的不是她的成功，而是她和她笔下的少女安妮，是用何种的态度来生活，来为自己的苦境寻找一条出路。

安妮是个平凡的女孩，像所有的女孩一样，喜欢幻想，嘴里闲不住，常常做错事，常常闹出笑话，渴望有人需要她，爱她。受不了别人说她的雀斑和红发，容易激动，容易失望。她一直辗转于他处，从几岁开始就要帮忙做家事，但是，她仍像一个皮球，被踢来踢去。

没人愿意真心收养她。

从领养她的家庭到孤儿院，从孤儿院到爱德华王子岛，这期间，安妮的生活是动荡的。直到遇到马修与马莉娜兄妹俩，她才能在绿山墙过着平淡从容的生活。不管生活给予她什么，安妮都热爱着生命，热爱着生活，每一分每一秒都渴望奇迹的来临。

她接受命运的安排，也和命运在努力做着对抗。

当马修死于心脏病，而养母又几近失明时，安妮放弃了上大学的机会，独自承担起生活的重担。

这和女作家露西的经历又是相近的，露西一直照顾着把自己抚养长大的外婆，到外婆离世。露西借用安妮中的话说：人生的好事和坏事总会轮番找到我们，对于渺小的我们，常常事与愿违，事与愿违之时的坏事就变得没那么可怕，变得可以忍受。

最后，我们忍受了多少痛苦，就等来多少幸福。而安妮的乐观坚强，是一颗可以带给人幸福的种子。

做人要做一颗可以撒播幸福的种子，让原本不幸的世界变得稍好一些。

生活中的我们也是一样，会陷入苦境，会迷茫无助，会怀疑自己来到这世上的目的，甚至会憎恨带我们来到这个世界上的人。

这样的心境，只会给我们和身边的人造成更多的困扰。

不要忽视自我，也不要太溺爱自我，就像“菟丝子”小姐，过于爱自己，而依附他人，导致自己给自己，也给他人均制造了不幸。

“女汉子”需要做的，便是脱离狭隘的自我空间，像安妮那样坚强，像安妮那样热爱给我们制造了诸多麻烦的世界，然后踏实地活下去，迎接人生中的好事和坏事，以吻抱世界。

PART SIX

感恩，所赐予“女汉子”的一切

想要拥有一双新鞋的时候，那双一双鞋子便是恩赐。想要拥有一辆单车的时候，那辆单车便是恩赐。

想要拥有一个爱自己的男人的时候，那个男人就是恩赐。

可是，鞋子会坏，单车会旧，男人会不再爱……这时候，我们会不满，会愤怒，却忘记了当初拥有时的喜悦。

感恩是一种热爱，热爱生活，热爱一切。

包括低潮时的伤痛，包括顺风顺水时的得意。包括经历的那些人那些事。那些曾帮助过我们的贵人，给我们阻挠的小人。还有生活赠予我们的空欢喜。

这便是“女汉子”存在的意义，用灵魂感受生命的真相。

我特别喜欢《绿山墙的安妮》一书，不仅因为安妮的热爱，她还有着一颗滚烫的感恩之心。在她的心里，常审视自己。这才是她的可爱之处。

应该有不少姑娘，吃过很多苦，望着仍没有多大改善的生活苦恼，认为是自己欠缺运气，认为周遭的人各个心怀鬼胎。

我曾遭遇过这样的人，她把错误归咎到不相干的人身上，每日怨天尤人。她从谈恋爱到嫁人，波折不断，嫁人之后的婚姻生活一样不如意。她怨恨自己的丈夫无能，其实，她的丈夫已经尽最大的努力在供养她的生活。

她看不到他的辛苦，一味地埋怨。

尤其是在孩子的面前，她对他丈夫的态度很糟糕。孩子有样学样，学了一身臭脾气和毛病。她丈夫曾恳求过她，希望能给他一点可以呼吸的空间，她无视。

丈夫因长期忍受她咄咄逼人的气势患病。她离开丈夫，带着孩子回到娘家，又把娘家搅和得一团乱。她成为祸端的中心，却依旧责怪别人不能对她好。她的眼里好像只能看到最糟糕的一面，心里布满荆棘。怀揣这样的心态，生活以这样的方式反馈给她。忽视，令人枉来世间，也容易丢掉属于自己的幸福人生。

过去的每一点每一滴，从来没有像今天一样清澈地汇映在我的记忆之河的倒影中，我遇到的每一个友人，每一个敌人，每一件不开心的事情，每一件开心的事情，每一次抉择，每一次跋涉，都印证着自己的生命。

从双手空空而来，到如今拥有的所有，是过去一直不断的累积。

我想说，每一个来到世上的人，都很幸运，能看到阳光，能感受到微风，能触摸到小草，能行走，能飞奔，能怀揣闪亮的梦想。

从拥有第一声哭声开始，便要感激父母，没有他们，我们不能来到这个世界。

从拥有第一份礼物开始，就要感谢我们身边的人，给予了我们成长所需的爱和营养。从第一次伤心开始，就要感谢那个刺伤我们的人，是他们让我们学会坚强。

从懂得再见开始，就要感谢生命赋予我们的短暂的时光，这让我们学会珍惜。最后，我们该感激的人是自己，如果没有自己，就不会有觉悟。

在将来，不管“女汉子”们经历什么样的人生，我都希望能铭记住最幸福的某个瞬间，最爱的某个人，最美的一片风景，最暖的一处体温，并感谢他们曾来过我们的世界，给予我们必须支撑下去的力量！这是必须的，我们必须无比勇敢地走下去。

LIFE CASE

一直向上，才能摆脱被主宰的命运

冼安冉总是在为钱发愁，上学的时候，没钱吃饭、没钱买衣服鞋子、没钱买营养品，甚至没钱买卫生巾。在一个女孩的青春世界里，钱主宰了她的命运，这让她欲哭无泪。

当别的同学已经手持大哥大，脚蹬阿迪达斯的时候。她只能把几件换洗的衣服，洗了又洗，直到洗得发白褪色。她必须算计着每一餐饭的食量，不管有多饥寒交迫，都要坚持着永恒固定的饭量。一个馒头，外加两份蔬菜，大白菜和豆角。长期的营养不良，让她面黄肌瘦。一米六的她，高中毕业的时候，体重才四十多公斤。大学考上了，却没有钱读下去，这是无奈。她想挣脱该死的贫穷。至少在有生之年，能过得不那么寒酸。

工作也非一帆风顺，她做过很多工作，做过话务员，整天守在电话机旁，陪着寂寞无聊的男人们惺惺作态，她的电话不多，也没有固定的工资维持生计。做了一个月，她发现她在亵渎自己的清白廉耻。一个月后，她拿着赚来的五十块钱，觉得自己只是廉价的男性发泄情绪的工具，她离开了那家公司。

不久，她做了手机推销员，每天白天工作完毕，晚上还要去酒吧前台做兼职。那一年的冬天特别冷，她在凌晨两点半下班，骑着单车的时候几乎都能睡着。她也遗憾地想过，如果能出生在一个条件优渥的家庭该多好，就不会受这样的煎熬。最辛苦的那段时间，她经常一坐下来，就会酣然入睡。

即使这样，她也不气馁，她觉得，努力的人，运气才会好起来。如果不努力，她将会永远入不敷出，一直生活在贫困里。她每个月会定期交给父母一点钱，因为父母更穷，当初她的学费都是借来的。她要还债，要让父母吃饱饭。

她记得，有一年的夏天，她生了病，延绵不绝的低烧，让她没有一点力气，不得已，她请了病假，病恹恹地躺在床上休息了一个月。到上班的那天，她看到单位的马路对面，坐着一个熟悉的身影。头发花白，裤腿上还沾着泥水，背影伶仃单薄。那是她的父亲。

她走到跟前，轻轻地叫着一声爸爸。

他颤颤巍巍地站起来，拍了拍衣服上的土。看着她的眼睛，低声说，你手头方便吗？

父亲没有注意到她瘦了多少，没有看到她憔悴不堪的面容。为了生存，大家都忽略掉了最起码的感情。那一瞬间，她真想抱着谁的肩膀痛哭。钱是罪魁祸首，钱疏离了亲情。

她跑到银行的 ATM 机上，取出了一百，这是她所有的家当。她递给父亲。父亲只是叹了一句，这么少。她没有和父亲说生病的事情，她觉得，穷字当头，不管做什么，怎么做，都是没有意义的事情。何必让父母忧心忡忡呢，那些可以忍耐的东西，就要学会自己独自承受。

她尝试过走捷径，可惜，她没有那样幸运，她身边那个如花蝴蝶般绚烂的女朋友，虽然只知道挥霍人生，游手好闲，相信天上可以掉下黄金。但是，她运气够好，也懂得逢迎男人。后来，她傍上了一位香港的亿万富翁，全家移民。临走前，她对冼安冉说，女人，别等到了年老色衰之时才开窍，到了那时候，一切都晚了。

当时，她真的心动了。然后，遇上了一些男人，有土大款，有暴发户，还有伪君子。最后，结果证明，她的个性无法融入富人的怀抱，尊严让她性格倔强，无法屈服在男人的特权之下。她还是要依靠自己，因为，她不想从此就被刻上某个人的附属品的标签。她做不到低三下四在不爱的男人面前做戏，尤其是为了钱。一个穷惯了的女人，难道还怕穷吗？

她豁然开朗起来，不再做灰姑娘的梦。而是一边打工，一边进修。从会计学到电子商务，她早出晚归，为了省钱，每天只吃两顿饭，中午一顿凉皮，晚上一个火烧加菜。改善生活的时候，就是自己用类似茶杯一样的小火锅，煮上一碗方便面，再加一个鸡蛋。她住的房子是租来的单间，夏天闷热，冬天奇冷。夏天没有电风扇，没有空调，她就把地面洒上水，用水降温。冬天没有电热毯，没有暖气，洗完头，头发已经冻成了冰。她把头伸进被窝，第二天起床的时候，被窝都是冰凉的。

这样的生活，她连续过了五年。五年后，她决定改变命运，便南下寻找机会。她在工厂打过工，在公司做过白领。一般人不能吃的苦，她全尝试过了。南方的太阳毒辣，她顶着毒辣的太阳，每天奔波在陌生的城市。她居住的环境很糟糕，一到雨季，被子都会发霉。

有一年春天，父亲脑淤血，她却没钱回去，只得把自己的所有积蓄寄了回去。因为，一个外地人，在哪里都是没有信誉的，她借不到更多的钱。幸运的是，她的父亲逐渐好转，她想，如果父亲真的离开了，她会内疚一辈子的。

南下的第三年，她才彻底脱离了贫穷。从广州到北京，她做成了第一单服装生意，那是她曾经工作过的工厂给予她的机会。从此，她一发不可收拾，她经历那么多坎坷，终于柳暗花明。

不久，她给父母一大笔钱，在老家盖了一栋漂亮的房子。扬眉吐气的父母，开始关心女儿的冷暖。冼安冉成了后辈的标杆，很多荣誉和赞美纷至沓来。

有人询问她成功的捷径，有人问她怎样才能复制她的成功。

她镇定地告诉他们经验，其实，这句话，她一直埋在心里：每一个成功者的背后，都藏着一部“血泪史”，羡慕和嫉妒显得特别幼稚，因为你没有经历过，就永远不会懂。任何一种生活，都无法复制和粘贴。就好比那些折磨人的贫穷，有几个人能受得住摔打！

三十岁生日的晚上，她坐在落地窗前，忽然，一阵风吹起了窗帘。风吹了很久，窗帘在风中翻腾。好久好久以后，风停了。

她想，这大概就是我们的人生，不管多强悍的风，迟早都会泯灭，消失。不管它们是来自西伯利亚还是来自地中海，阴霾会跟着它们一起走过去，贫贱的人生不会是一辈子。

综述

没有过不去的“火焰山”，也没有过去不的沟沟坎坎。“无常”的世界，就用“无常”来对待。“女汉子”用坚固的内心，守卫着有爱的世界。在有爱的世界里，苦，是为乐锦上添花的序幕。人生，只有活着才精彩。生活，只有坚持才会有希望。

结束语

这本书终于完结了，出道以来，从来没有如此耗时费力地做这样的一本书。从开始到结束，用了几个月的时间。期间，发生很多意想不到的事情，似乎很是应景。先是家中的长辈亲属去世，接着购置房产，办理琐碎又麻烦的手续，然后带着三条狗搬家。初来乍到，难免惹得邻居生厌，又是三番四次的磨合。平静的日子没过两天，我最心爱的小侄女摔伤入院，孩子才三岁多一点，又是抢救，又是 CPU 监护。风风雨雨，都是煎熬和考验。

我是单身，一个单身的女人都无法舒舒服服享受安宁的生活，何况是结婚的姑娘，离婚的姑娘。大家都在艰难前行，只是都不愿意把“艰难”二字说出口。谁不是这么过的呢？大家都能熬过去，也必须熬下去。有一句十分漂亮的台词：人，是不可能停下来的，只能沿着自己认为正确的道路前进，痛苦地挣扎着，咬紧牙关，哪怕是舔着脚下的泥水，也要活下去。我们确实不是很强大的人，但是，我们也有存在的价值。当生活把女人推到一个无法转身的舞台，硬着头皮也要迎上去。别管是情非得已做了“女汉子”，还是天性便是独立又坚强，至少，“女汉子”可以在这世上能活得更好一些，更有魄力一些。苦来的时候，容易消化。我一直很感激自己能坚持到如今，这是我过去不曾意料到的。

我以为自己应该是敏感又软弱，需要被人保护的小女子。可时间竟然把我打造成刀枪不入的“女汉子”，时间和境遇真是奇迹。有时候，我觉得自己坚持不下去了。谁都会有这样的时候，我的情绪会很烦躁。后来，我学会制约自己的情绪。在软弱的时候祈祷，希望自己能给自己力量，而且相信，事情一定不会变得最坏。如果事情真的演变成最坏的情况，那就告诉自己，我们的力量有限，因为有限的力量，所以才需要变得更强大一些，这便是动力，这便是继续努力让自己变强的原因。大约你们和我有相同的感受。

活在红尘俗世，难免被人轻视。被人轻视会愤怒，被自己轻视会甚觉卑微。我呢？觉得人本来就是卑微的。可以卑微，但是不能低贱。不要在别人的目光下否定自己。慢慢来，如果注定是一只蜗牛，哪怕是前进一公分，对自己来说一样是超越。所以，“女汉子”不分贵贱，不分贫富。只要你够勇敢，哪怕是卖“茶鸡蛋”，你也是条值得尊敬的“汉子”。别畏惧辛苦，别畏惧一切。为什么这么说？因为活着就有出路。我曾问过七十多岁的姑姑这样一个问题。人，为什么明知道自已会死，还要不停地努力活着？姑姑说，活着就是活着，活着就要像活着的样子。再辛苦，就算肚子里装满眼泪，也比死了强。

我在那一瞬间明白了什么是人生，明白了做女人更要坚强。烦恼的事情一件接着一件砸过来，能解决的便解决，不能解决的，便随便丢给时间解决。于是，那些所谓的烦恼不攻自破，它们不能再困扰我。这是我的生活诀窍，拿出来和大家分享。如果此时，你一切安好，没有烦恼，这是多么幸运。如果此时，你刚好相反，烦恼打击一起来。那么，可以试试我说的方法。人生大事，即使是“女汉子”，有时候也抵挡不住打击，可我们还是要活着，毕竟我们来了。抱定这个目标，生活会继续滚动下去。

我有个亲戚，前几天在去医院的时候碰到她。她的人生别提有多苦情了。她是个生意人，年轻的时候嫁到当地，生过三个孩子。三个孩子连续夭折，有生病走的，有意外走的。最后一个孩子，是生产时难产，把子宫挣裂窒息的。同样的事情经历三次，一次比一次痛苦。可她从来不在人前喊一声苦。在我看来，她不是一个矫情的人，而是一个真正正的强者。生活给予她磨难，她接受这些磨难。如今，她抱养了一个孩子。孩子长到十几岁，聪明伶俐又十分孝顺。她视若己出，把所有爱倾注到养女的身上。这就叫做悲喜人生！

有时候，人难免会软弱，但是别人希望看到我们如何坚强。所以我们这些坚强的女人，在这样的悲喜人生中，演绎着自己的角色，这是一个没人可以代替的角色，而且，仅有一次，永远无可复制。

再见！每一位平凡又伟大的女性！